中国科协学科发展预测与技术路线图系列报告

中国科学技术协会　主编

U0189257

林业科学
学科路线图

中国林学会◎编著

中国科学技术出版社

·北　京·

图书在版编目（CIP）数据

林业科学学科路线图 / 中国科学技术协会主编；中国林学会编著 . -- 北京：中国科学技术出版社，2020.12
（中国科协学科发展预测与技术路线图系列报告）
ISBN 978-7-5046-8840-8

Ⅰ. ①林… Ⅱ. ①中… ②中… Ⅲ. ①林业 — 科学技术 — 学科发展 — 研究报告 — 中国 Ⅳ. ① S7

中国版本图书馆 CIP 数据核字（2020）第 199287 号

策划编辑	秦德继　许　慧
责任编辑	张　楠　彭慧元
装帧设计	中文天地
责任校对	张晓莉
责任印制	李晓霖

出　　版	中国科学技术出版社
发　　行	中国科学技术出版社有限公司发行部
地　　址	北京市海淀区中关村南大街 16 号
邮　　编	100081
发行电话	010-62173865
传　　真	010-62173081
网　　址	http://www.cspbooks.com.cn

开　　本	787mm×1092mm　1/16
字　　数	266 千字
印　　张	13.5
版　　次	2020 年 12 月第 1 版
印　　次	2020 年 12 月第 1 次印刷
印　　刷	河北鑫兆源印刷有限公司
书　　号	ISBN 978-7-5046-8840-8 / S・774
定　　价	77.00 元

本书编委会

首席科学家： 张守攻　杨传平　盛炜彤　陈幸良

顾问组成员：（按姓氏笔画排序）

尹伟伦　李　坚　李文华　沈国舫　宋湛谦　曹福亮
蒋剑春

专家组成员：（按姓氏笔画排序）

丁昌俊　王　妍　王小艺　王立平　王军辉　尹昌君
卢孟柱　叶建仁　史作民　同小娟　吕建雄　刘一星
刘玉鹏　刘世荣　刘庆新　刘桂丰　孙江华　孙振元
苏晓华　李　伟　李　莉　李　悦　李建安　李新岗
肖文发　汪思龙　迟德富　张于光　张永安　张会儒
张劲松　张曼胤　陈　锋　周永红　庞　勇　孟　平
赵凤君　赵紫剑　段爱国　施季森　骆有庆　敖　妍
贾黎明　钱永强　倪　林　席本野　黄　麟　黄立新
崔丽娟　符利勇　康向阳　梁　军　董玉红　韩烈保
傅　峰　焦如珍　舒立福　曾立雄　曾祥谓　雷相东
谭晓风

学术秘书： 李　莉　李　彦

前　言

　　林业是国家、民族最大的生存资本，是经济社会可持续发展的重要基础，肩负着维护生态安全、改善民生福祉、促进绿色发展的历史使命。党的十八大以来，林业在推进生态文明和美丽中国建设中地位和作用日益凸显。为深入实施创新驱动发展战略，促进林业科学学科发展和学术建设，提升林业科技自主创新能力，中国林学会于2018 年承担了中国科学技术协会学科发展项目，组织专家编写了《林业科学学科路线图》。

　　《林业科学学科路线图》围绕国家重大战略需求，聚焦行业发展，立足学科发展定位，总结了林业科学学科发展现状，指出了学科发展方向，明确了学科发展目标，提出了学科主要任务，制定了学科发展实现路径，系统谋划了学科布局，对林业科技创新及林业行业高质量发展具有重要指导作用。

　　按照中国科协统一部署和要求，中国林学会组织完成了《林业科学学科路线图》。中国林学会赵树丛理事长、陈幸良秘书长等有关领导高度重视，对工作进行了细致部署和周密策划。2018 年 5 月，中国林学会聘请了张守攻院士、杨传平教授、盛炜彤研究员和陈幸良研究员为首席科学家，尹伟伦、李文华、李坚、沈国舫、宋湛谦、曹福亮和蒋剑春 7 位院士为顾问，成立了由 200 余位教授、研究员组成的专家编写组，制定了编写工作方案。根据林业科学学科进展情况和发展需要，确定了林木遗传育种、森林培育、经济林、森林经理、森林昆虫、森林病理、森林防火、森林生态、森林土壤、林业气象、木材科学与技术、林产化学加工工程、湿地恢复和草原科学 14 个分支学科（领域）专题。

在编写过程中，专家们倾注了大量的心血，也得到了中国科学技术协会的悉心指导和相关行业专家的大力支持。在此，表示感谢！

限于时间和水平，书中错误与疏漏之处在所难免，敬请批评指正。

中国林学会

2019 年 12 月

目　录

第一章　林业科学学科路线图总论

一、引言

林业和草原生态保护是事关经济社会可持续发展的根本性问题，肩负着维护生态安全、改善民生福祉、促进绿色发展的历史使命。党的十八大以来，党中央、国务院高度重视林业发展和草原生态保护，习近平总书记提出"林业建设是事关经济社会可持续发展的根本性问题""绿水青山就是金山银山""人与自然和谐共生"等一系列新理念、新思想、新战略。党的十九大把生态文明建设摆在更加突出的战略位置，上升到治国方略的高度。党的十九届四中全会审议通过的《中共中央关于坚持和完善中国特色社会主义制度、推进国家治理体系和治理能力现代化若干重大问题的决定》指出生态文明建设是关系中华民族永续发展的千年大计。

森林、草原、湿地、荒漠是陆地生态系统最为重要的组成部分，在推进生态文明和美丽中国建设中的地位和作用日益凸显。林业科学学科主要是以森林等四大生态系统为研究对象，揭示其生物学现象的本质和规律，研究资源培育、保护、经营、管理和利用等的学科。百年来，林业科学学科发展历程证明其在我国社会、经济发展中占有极其重要、不可或缺的地位。林业科学学科发展显著推动了林业科技进步，为国家社会经济发展作出了重要贡献。

随着人民生活水平的提高，人们对绿色产品和生态产品的需求不断增加。当今世界，生物技术、信息技术、工程技术、智能制造等新技术和新材料应用更加广泛，多学科交叉融合，新理论相互渗透、全球科技合作等不断深化，林业属性和功能不断拓展，设计育种、集约智能生产、林产品个性定制、绿色高效加工利用等新技术将引领未来林业发展与变革，智慧林场、绿色工厂、森林康养等新业态、新产业、新模式不断涌现。林业科学学科发展迅速，各领域的基础理论和应用研究均呈现纵深发展，各分支学科间以及林业科学与其他学科的联系更加紧密，学科交叉与融合更加显现，从单一学科的问题向多学科知识和方法的综合应用转变。研究方法不断革新，从静态分析向动态过程分析转变，从单一数据源向多源数据转变。研究领域和研究内容不断扩展，从单项研究向综合集成转变，对社会经济发展的促进日益显著。

围绕乡村振兴、绿色发展等国家重大战略，林业科学学科坚持问题导向、目标导向和需求导向，聚焦生态治理与修复、森林培育与林木遗传育种、森林经营与保护、木材科学与林产化工等领域，选择林木遗传育种、森林培育、经济林、森林经理、森林昆虫、森林病理、森林防火、森林生态、森林土壤、林业气象、木材科学与技术、林产化学加工工程、湿地科学和草原科学 14 个分支专题，编写了《林业科学学科路线图》。

二、对本学科国内外发展现状的分析评估

（一）国内外现状

1. 生态治理与修复

在森林生态方面，随着区域和全球生态环境问题的日益突出，森林生态学在个体、种群、群落、生态系统、景观和区域（全球）层次上的研究快速发展，并向更加微观和宏观的两个方向不断扩展。欧美林业发达国家在生态系统稳定性维持、生态系统对全球变化的响应与适应机制、生态综合治理与协同保护、生态质量监测技术与设备等领域形成了先进的理论与技术，我国在干旱等困难立地造林、防护林结构配置等技术处于领先地位，天然林保育、生物多样性保护等技术水平处于并跑阶段。

在森林土壤方面，当前国外森林土壤研究的领域更广，研究技术与方法更先进，研究趋势更定量化、动态化，定位研究更突出长期监测。国内的森林土壤学研究在近年来取得较快的发展，但仍以跟踪研究为主，自主创新不足。

在森林气象方面，国内外森林气象要素状态量观测技术比较成熟，模拟研究了气温上升、CO_2 浓度增加等气候条件变化对主要树种分布及生产力的影响，但缺乏区域尺度物质和能量通量精细观测技术，森林气候生产力模拟模型精度有待进一步提高。

在湿地科学方面，欧洲和北美在湿地恢复生态学理论和实践方面走在前列，新西兰、澳大利亚、中国和俄罗斯紧随其后。湿地科学融入了多种学科知识，逐步形成了以自我设计、生态演替、洪水脉冲、边缘效应和中度干扰假说等为主的理论体系。

在草原科学方面，我国在草原生态治理、监测预警、绿色防控等方面进行了较为系统的研究，对不同草原类型的生态系统服务价值评估缺乏统一的科学方法，基于空天地数据开发的草原灾害精准识别与发达国家相比仍存在很大差距。

2. 森林培育与林木遗传育种

在林木遗传育种方面，国内外针叶树遗传改良均向高阶推进，国际上火炬松等

已进入第四轮改良，且分子辅助亲本遗传设计与无性系配置设计已成功应用，而中国多数树种进入第二轮改良；阔叶树种分子辅助设计杂交制种、多精准高效测定、良种高效繁育技术等是主流，永久性国家级育种试验基地逐步受到重视；基于现代多阶生物组学的树木重要性状形成机理研究已普遍开展，国际树木基因组文库信息不断充实并共享，为基于生物组学信息的现代育种理论与技术发展提供了重要基础；一些重要树种已开始了基于生物组学信息与基因组编辑和调控技术的树木分子设计育种探索。

在森林培育方面，林业发达国家在定向培育，集约经营以及生态系统管理研究方面形成了先进的技术体系，如巴西桉树纸浆材短周期培育、新西兰辐射松建筑材集约经营、美国南方松结构材定向培育均已形成成熟技术模式。我国已经初步构建了具有中国特色的人工林育林技术体系，杉木、杨树、马尾松、落叶松、桉树等主要用材树种的培育理论与技术研究进入快速发展时期，但与林业发达国家相比，我国林业资源培育研究历史较短，在培育理论与技术两层面上仍均处于跟跑态势。

在经济林方面，我国建立了油茶、枣、核桃、柿等国家级种质资源圃，开展了遗传多样性评价和性状研究，部分树种通过杂交育种创制了一批新种质，育种目标已经转向优质、丰产、高抗、适应轻简化栽培。国外在机械化和智能化栽培管理应用广泛，特别是土壤耕作、水肥一体、机械修剪与病虫害防治、机械化采收、疏花疏果机等方面都处于领先水平。在产品加工利用方面，解决了产品贮藏、品质保持、采后商品化处理、质量安全监控、节能高效加工、副产物精深加工、加工剩余物多层次增值利用等关键技术问题，形成一批特色加工产品。

3. 森林经营与保护

在森林经营管理方面，世界各国均在探讨森林可持续经营的实施途径，并在概念、原则和实施途径等方面都取得了实质性成果，如多功能森林经营、生态系统经营、近自然经营等，形成了各具特色的森林经营理论与技术体系。国内开展了近自然森林经营、森林健康经营等技术引进和消化工作，建立了多功能森林经营的理论框架，提出了结构化森林经营技术体系和人工林多功能经营体系。林地覆盖类型遥感分类、平地森林参数遥感估测方面有了突破性进展，森林资源信息网络管理平台与森林经营决策系统取得了显著进展和普遍应用。

在森林昆虫方面，国际上在寄主－害虫－天敌之间生化联系及适应机制方面取得显著进展，害虫的监测预警技术实现了现场调查与 3S 监测的融合和数据实时传输。害虫的信息素鉴定和成分优化与应用技术、人工物理诱捕技术、RNAi 干扰技术、生态和营林控制技术等方面进展较快。我国在脉翅总目和半翅目蜡类系统进化、云斑天牛及松墨天牛等少数种类气味感受机制、紫胶虫等工业资源昆虫和花绒寄甲等天敌昆虫繁育应用技术研究方面居于世界前列，在害虫化学生态、分子生物学基础研究整体落后，害虫的地面监测与 3S 监测数据的结合应用处于起步阶段。

在森林病理方面，国际上在组织、生理生化和分子水平等不同层面进一步深入揭示了病原物与寄主的互作机理，初步阐明了包括松材线虫病、栎树枯萎病、杨树溃疡病等重要病害的致病分子机制，初步实现了对大部分世界性重大危险性病原物的快速检测。我国在松材线虫病的系统发育、病原与寄主互作机理、扩散流行规律、快速检验鉴定技术、跨境成灾规律以及除治技术方面的研究居世界前列。在树木溃疡病、林木炭疽病、树木腐朽病的新病原鉴定、多样性及系统发育分析方面与国际先进水平并驾齐驱，而在这些病害的致病机理、病原与寄主互作机制、快速诊断和绿色可持续控制技术方面稍显落后。

在森林防火方面，国际上发展了人为火和雷击火预报模型和火行为预报模型，并形成了火行为预测预报系统。建立了林火管理与指挥系统，实现森林火险预报、林火行为预报、扑救指挥辅助决策、档案管理和扑火资源信息管理等功能。卫星遥感在林火探测上不断得到应用，航空红外林火探测技术应用越来越普遍。新型环保的化学灭火剂正在用于阻隔林火，提高了灭火的效率。我国在林火阻隔网络体系构建、生物防火林带建设、森林可燃物调控、林火视频监控、无人机林火监测与定位、灭火水枪及点火器等研究方面居于世界前列，但在可燃物类型划分、火行为模拟与预测预报、火蔓延模型研建、林火生态研究方面，相比国外林火研究发达国家，稍显落后。

4. 木材科学与林产化学加工工程

在木材加工利用方面，国际上已形成采用木材化学成分快速定量分析技术和基于树木化学分类学原理的木材种类识别技术，掌握了水分在木材内部的流动路径与迁移规律，从分子水平上解释氢键对木材机械吸湿蠕变的作用机制，而国内目前还处于模型建立阶段。发达国家木材加工已全面实现了机械化，实现了高精度、高效率和自动化，正朝智能化方向发展；木材产业节能减排技术走在世界前列，木材产品使用中的甲醛释放量、有机挥发物和重金属含量受到严格控制；生产过程干燥节能和有机挥发物、废水废气和粉尘等污染物综合治理技术取得长足进展并得到广泛应用。而我国企业的自主创新能力尚较弱或力量分布尚不均衡。

在林产化工方面，欧美在生物质气化发电、集中供气、生物基塑料和生物质基聚氨酯产品已部分实现了商业化应用，形成了规模化产业经营。我国在林业生物质能源、材料与化学品、林源活性物质利用研究方面取得了显著的成效，形成了如生物质多途径气化联产碳材料、生物质热固性树脂、生物质增塑剂等一大批具有自主知识产权的技术，银杏、喜树、印楝、杜仲、牡丹、油茶、香榧、红豆杉、石斛等植物开发利用已初具规模。

（二）研究前沿、热点

1. 生态治理与修复

在森林生态方面，研究前沿和热点集中于森林生态系统对气候变化的响应与适应、生态系统的地下生态学过程、生物入侵的生态学效应、森林生物多样性与生态系统功能、退化森林生态系统保护与修复、大尺度森林生态水文学、森林生态系统碳氮水耦合、人工林树种多样性与多目标经营与森林生态系统碳固持及其稳定性。综合利用稳定同位素、高通量测序、激光雷达、控制实验、模型模拟、大数据分析、3S 等现代技术，开展多尺度、多过程、多指标、多用途的森林生态系统结构和功能的综合观测与集成研究，已成为当今森林生态学研究的主流。

在森林土壤方面，研究热点主要有森林土壤碳氮平衡与温室气体浓度的变化、森林土壤生物多样性和土壤肥力相关性、污染土壤的微生物－植物联合修复，森林土壤原位观测与定位研究的宏观过程和微观机理研究持续深化，森林土壤生物多样性与生态服务功能研究逐步得到重视。

在森林气象方面，研究热点主要包括森林植被气候生产力精准观测与预测、多尺度碳氮水通量耦合过程及其影响机制、人工林水资源承载力、重大林业生态工程多尺度气候效应及其适应全球变化对策、森林植被与气候变化的耦合关系、森林大气质量效应及形成机理等。

在湿地科学方面，研究热点包括湿地生态系统的结构、过程、功能及其演化机制，湿地生物多样性等基础理论，前沿研究包括湿地恢复与重建技术和保护策略、人工湿地构建理论与技术、湿地区域的规划设计、湿地温室气体与全球气候变化及对湿地生态水文的影响、湿地生态系统健康与湿地定量评价等。

在草原研究方面，研究热点主要包括草原有害生物精准识别与实时监测预警、草原火灾风险评价与发生预警防控、草原恢复过程中的非生物与生物障碍、生态退化与恢复生态学过程、基于智能识别的草地植被类型及其变化、退化草地遥感判别和评价、草地资源遥感立体监测与生态安全预警等。

2. 森林培育与林木遗传育种

在林木遗传育种方面，基于生物信息学的树木生长、材性、抗性及生殖性状的形成与表观变异的基因调控网络构建，不同层级调控因子的功能、作用机制与互作博弈，遗传调控网络及主导因子对环境信号的响应，关键遗传调控因子的检测标记等仍将是树木遗传基础研究领域的前沿与热点；基于基因组编辑、遗传调控、基因时空定位删除技术，生物安全的高效遗传转化体系构建，高效经济的体胚苗繁育体系，基于基因表达重编程的营养器官外植体的体胚发生技术，树木生殖的促进与抑制技术等是方法研究发展的热点；基于生物组学、生物技术和高阶拟态测定的高效精准育种程序与技术体系是应用重点。

在森林培育方面，人工林育林控制技术交互作用、林分抚育决策综合支持技术与系统、林分生长过程模拟及其可视化、天然林结构调控、树种混交机制、困难立地植被恢复、防护林稳定性评价与功能提升、复合系统的多功能形成机制及价值评估等已成为研究热点。

在经济林方面，产量、品质形成和提升的调控机理与途径，重要性状功能基因解析等成为研究前沿。种质资源评价、种质创新及分子辅助育种、高效栽培以及原料采后规模化处理与贮藏保鲜、资源高值化加工利用及其副产品的综合利用等成为研究热点。

3. 森林经营与保护

在森林经营管理方面，天然林立地质量的精准评价、混交异龄林经营、多功能全周期经营规划、基于计算机模拟及先进统计方法的森林生长收获预测、森林植被生化参数多模式遥感协同反演、多尺度高分辨率遥感森林质量信息精准提取、实时三维虚拟仿真及智能化森林经营决策等成为研究热点。

在森林昆虫和病理方面，森林昆虫扩散和成灾机制、群落结构分子解析、分子系统发育及其天敌多样性，以及森林害虫天敌和病原微生物繁育利用、跨域流行病害快速诊断、病原与寄主分子互作机制、重大危险性林木病害快速精准、智慧远程的监测预警和生态防控技术成为研究前沿和热点。

在森林防火方面，基于云计算和大数据的火发生规律分析、人工智能物联网技术的火灾自动监测与扑救、林火与气候变化、定量监测和模拟火对生态系统的影响、火灾烟气蔓延、污染和碳排放、火灾后损失评估等成为研究热点和前沿。

4. 木材科学与林产化学加工工程

在木材科学方面，仿生结构的智能型木竹材或复合材料、纳米纤维素表征和应用体系构建、多功能木质材料制造、高效环保价廉的防腐阻燃处理、木质重组材料单元疏解关键工艺、结构用木质重组材料制备、竹材原态重组制造、木制品柔性制造等成为研究前沿和热点。

在林产化工方面，以纤维素、木质素为原料，利用原位活性聚合、自组装等技术开发新型生物质基高分子功能材料制备已成为研究热点，具有可降解、自清洁、自修复、耐高温、防腐、阻燃、高效吸附、控制释放、储能等功能特性的生物基材料研制已成为新材料领域的研究前沿。

三、对国际上本学科未来发展方向的预测与展望

我国将长期处于生态脆弱、少林和森林质量低下阶段，西部荒山和沙漠治理任务

艰巨，南部和东部森林提质增效任重道远。木材和林产品供需矛盾将长期存在，把林产品供给主动权掌握在中国人手里将是林业行业始终奋斗的目标。为逐步改变这种状况，在西部要持续加强荒漠化科学治理，在南部和东部要从单纯强调生态优先逐步向森林可持续经营和多种经营转变，特别要探索绿色林产品和生态产品的多样化生产，以满足人民对生态和绿色林产品的需求。当今世界，生物技术、信息技术、工程技术、智能制造等新技术和新材料应用更加广泛，多学科交叉融合、新理论相互渗透、全球科技合作等不断深化，林业属性和功能不断拓展，设计育种、林业集约智能生产、林产品个性定制、绿色高效加工利用等新技术将引领未来林业发展与变革，智慧林场、绿色工厂、森林康养等新业态、新产业、新模式不断涌现，这些都为解决面临的难题提供了技术支撑。

（一）生态治理与修复

1. 森林生态从重视地上向地上-地下生态系统综合研究发展

森林生态系统地下生物学（微生物、土壤动物、根系）与生态过程是影响生态系统功能的最不确定部分。当前研究逐渐从地上转向被长期忽略的地下生态系统，迫切需要探索森林生态系统地下部分的结构、功能、过程及其与地上部分的联系。

2. 森林生态修复技术系统化

森林生态修复与保护强调可持续发展，注重技术多元化、目标多样化，强调生态修复机理、过程、效果与应用相结合，注重多系统综合治理及生态系统稳定性维持，统筹山水林田湖草生命共同体健康发展。

3. 林业气象实现精准化观测和精细化预报

新材料和智能感知技术助推林业气象观测技术向智慧化方向发展，多尺度多界面物质和能量通量全面实现无损化、实时化、精准化观测，优势树种气候生产力和森林气象灾害实现精细化预测。

4. 森林土壤养分维持注重微观机理研究

生物固氮、根际土壤 – 植物 – 微生物等多学科交叉为森林土壤学研究带来了新的机遇。

5. 湿地修复研究重视多过程耦合和互作机制

在人类活动和全球气候变化驱动背景下，日益重视湿地生物地球化学循环过程、水文过程与景观格局耦合过程等研究，基础理论研究不断深入。

6. 退化草地治理目标注重可持续发展

建立基于草地大数据的草地退化等级识别、草地生态恢复水平评估体系以及草地生态功能与生产功能合理利用配置，突破单一草原封育约束，形成适宜我国草地资源多元开发与生态功能提升融合的关键技术。

（二）森林培育与林木遗传育种

1. 林木遗传育种向高轮次、高效化方向发展

随着基因组等生物组学的发展，多学科交叉渗透将更为显著地推动林木遗传育种理论和方法的进步，林木群体遗传变异规律、重要性状形成的分子基础以及种质资源收集、保存和评价研究将更加深入；基于不断发展的基因组学、表型组学以及相关分子辅助选择育种技术等推动以交配、遗传测定和选择为核心的育种循环向高轮次发展；通过体细胞胚发生等高效繁育技术实现良种的规模化生产和应用。

2. 森林培育向多功能、精准化、集约化方向发展

由于气候和地域的差异，森林多功能的实现要求各有侧重，需要持续创新林木种苗、人工林和天然林培育、森林植被恢复与保持、复合农林经营等森林培育理论技术，并不断与云计算、大数据及虚拟现实等高新技术结合，协同各培育环节多效益系统发挥。受限于人力、物力等因素，精准化、集约化、自动化和智能化决策成为培育技术发展趋势。

3. 经济林向工程化、机械化、智能化和高值化方向发展

随着经济社会对果品需求的发展和变化，在系统解析重要性状遗传调控与产量品质形成基础上，创新高效育种技术体系和良种化工程技术培育适应于机械化作业的新品种是重要趋势；由于优质高效生产和产业增效的需要，机械化、轻简化和智能化栽培技术，以及针对采后深加工、品质评价监测、高值化综合利用等增值增效技术，成为经济林未来技术发展方向。

（三）森林经营与保护

1. 森林经理向多功能适应性经营及智能化方向发展

未来森林经营将转向以建立健康、稳定、高效的森林生态系统为目标，并且面临全球气候变化的挑战，向多功能适应性经营方向发展。林业资源类型动态变化信息自动化、智能化提取，林业资源和生态质量参数多模式遥感精准测量、监测等是未来的主要发展方向。森林资源信息管理技术将朝向智能化、系统化、可视化等方向稳步发展。

2. 森林虫害精准识别与绿色防控技术成为发展趋势

微电子、分子检测与声音识别等技术融合，推动害虫自动精准识别和快速检测技术发展；森林害虫精准监测以立体监测为方向，研发基于人工智能的森林害虫遥感监测技术和大数据挖掘及耦合技术，实现智能化的生物灾害信息提取、发生扩散趋势预测；以靶向、高效、安全药剂逐步取代传统化学药剂，提高施用精准度。

3. 森林病害监测及防控向智能化和生态调控方向发展

采用多组学分析、无人机航拍和卫星遥感、移动互联、大数据分析对潜在重大危

险性病害进行高效、准确的监测和预警，以及森林生态系统对病害的自我调控功能与维持机制解析成为发展趋势。

4. 森林防火趋向高新技术监测与定点扑救

随着卫星遥感技术、人工智能和物联网技术的进一步发展和成熟，未来森林防火的发展方向主要集中在卫星遥感技术的火险动态实时预报、火灾智能自动化监测、火灾烟气、污染和碳排放模拟等方面。基于云计算、大数据、人工智能和物联网，开发森林火灾准确识别与高效定点扑救技术。

（四）木材科学与林产化学加工工程

1. 木材科学与技术学科范畴不断拓展延伸深化

研究对象从木材扩展到竹材、农业秸秆、芦苇等生物质资源，从木材扩大到以木质材料为基质的复合材料。木材科学研究从微观甚至纳米尺度解决问题，揭示新机制。木材结构研究深入细胞壁、DNA、纳米和分子尺度，实现木材高性能利用。

2. 木材加工迈向网络化、智能化

应用互联网、大数据等现代信息收集处理技术准确抓住消费者需求，加工制造控制向分散式增强型转变，建立个性化和数字化产品与服务的加工服务模式，向智能化定制方向发展。

3. 林业生物质资源利用向高效、绿色、高值方向发展

化学转化技术对组成结构复杂的林业生物质原料适用性更强，综合利用率更高，林业生物质转化效率更高，林业生物质活性成分提取效率更高。生物质细胞壁解构和组分高效分离能耗更低，化学品消耗减少，实现废水废气深度处理和资源化利用。林业生物质热转化实现气、固、液多联产，创制高品质燃油、新型功能生物基材料、高值活性物制品等系列新产品，实现林业生物质更高附加值利用。

四、对本学科国内发展的分析与规划路线图

（一）需求

党的十九大把生态文明建设摆在更加突出的战略位置，强调要推进绿色发展，推动形成人与自然和谐发展的现代化建设新格局。林业是生态文明建设的主体，是事关经济社会可持续发展的根本性问题。林业高质量发展作为践行"绿水青山就是金山银山"理念的重要途径，这要充分发挥林业学科的科技支撑作用。

1. 国家生态安全迫切需要林业生态保护与修复关键技术的重大突破

生态安全是国家安全的重要组成部分，森林生态系统在维护国家生态安全中发挥着基础作用，对促进经济社会发展具有重要作用。目前，我国林业生态建设取得了举世瞩目的成就，但森林资源总量不足、质量不高，生态功能和效益尚不显著。

22.96% 的森林覆盖率远低于全球 31% 的平均水平，单位面积森林蓄积量只有林业发达国家的 1/4，每公顷森林年均生长量只有林业发达国家的 1/2 左右。我国 90% 以上省（市）存在生态赤字，中度以上生态脆弱区域占陆地国土面积的 55%。我国林业灾害呈现总体加重、南害北移、北害南移态势，林业有害生物发生面积持续保持高位，年均达到约 1186.7 万公顷，每年造成 4000 多万株林木死亡，直接经济损失和生态服务价值损失高达 1100 亿元。因此，迫切需要加强森林经理、森林生态、森林昆虫、森林病理、森林土壤、林业气象、森林防火、湿地保护与自然保护区、草业科学等学科建设，加强科技创新，为构筑国家生态安全屏障、建设美丽中国提供科技支撑。

2. 林业产业转型升级迫切需要林业资源培育与加工利用关键技术的重大突破

我国是林产品生产和贸易大国，2018 年全国林业产业总产值达 7.63 万亿元，林业产业正处于突破障碍、加速转型升级的窗口期，面临着严峻的挑战。每年木材供给对外依存度超过 55%，林业中低端企业所占比重大，综合机械化率仅 55%，智能化程度低，产品附加值仅是发达国家的 1/3，产业在国际分工中处于中低端。林业旅游与休闲需求逐年增加，公众对生活质量提出了更高需求，2018 年第三产业产值同比增长 19.69%。因此，迫切需要森林培育、林木遗传育种、木材科学与技术、林产化学加工等学科建设，加强科技创新，为增加森林资源总量，促进林业产业转型升级提供科技支撑。

3. 国家乡村振兴战略迫切需要绿色富民技术研发集成和推广应用

我国山区面积占国土总面积的 69.1%，人口占全国总人口的 55.7%，84% 的国家贫困县分布在山区，乡村振兴的难点在山区。特色经济林、林下经济、林业旅游等林业生产是山区农民经济收入和地方财政收入的主要来源。山区林业资源极其丰富，具有将绿水青山转变成金山银山的资源禀赋，但是我国现有特色经济林、林下经济等产业集约化经营、机械化采收比较落后，技术和装备储备不足；同时，产业链后端不完善，产品深加工比例仅为发达国家的 1/6。我国森林景观单一，森林康养资源功效低，森林疗养承载力仅为德国的 1/4。因此，迫切需要加强林木遗传育种、森林培育、经济林、木材科学与技术、林产化学加工等学科建设，加强科技创新，为促进林业增效和林农增收、助力乡村振兴战略提供科技支撑。

（二）中短期（2018－2035 年）

1. 目标

围绕国际林业科技发展前沿和国家重大战略需求，坚持创新驱动和绿色发展，建成布局合理、功能完备、运行高效、支撑有力的林业科技创新体系，培养一批国际一流的科学家和创新团队，形成充满活力的科技创新环境，建成一批世界领先的创新平台，自主创新能力全面提升，林业科技进步贡献率提高到 70%，林木良种使用率达到

90%，自主培育品种市场占有90%，林业科技达到世界前列，山水林田湖草系统综合治理对世界具有引领示范作用。为到2035年森林覆盖率达到26%、林草生态功能提升25%提供科技支撑。

2. 主要任务

（1）生态治理与修复

1）林草和微生物适应逆境的调控机理与修复技术。开展林草逆境适应特性调控机制、群体水平林草对逆境适应的分子生态进化机制研究，研发盐碱地和工矿废弃地精准修复、抗逆林草和微生物高效建植/接种、生态修复废弃物的高效循环利用等技术。

2）天然林保育与恢复。重点研究不同类型天然林中动植物对干扰的响应机制和适应策略、生物多样性保护空间格局、关键生态学过程及其与生态系统功能的关系等基础理论，攻克天然次生林适应性和功能性结构调整及提质增效等关键技术，构建基于生态系统综合管理的天然林可持续经营模式。

3）防护林结构定向精准调控与功能提升。突破防护林退化机理和稳定性维护机制、生态系统碳氮水耦合与生产力形成机制、资源节约与防护尺度权衡关系等基础理论，研究典型树种防护林结构优化、林下经济植物仿生栽培、农林复合系统种间动态调控等关键技术，创新不同类型防护林结构定向精准调控技术与功能提升技术体系。

4）草原生态安全及生产力提升。重点突破草地资源与功能的耦合关系、草原生态系统多功能性及其维持机理、草原生态系统对全球变化的响应和适应、草地生态系统多功能协同—权衡理论等基础理论，研究示范退化草地植被重建与保育、草原可持续性利用、草种质资源创新及精准栽培管理、草地灾害精准预警与高效防控等关键技术。

5）荒漠化与石漠化治理的生态产业协同发展。研究流域及区域尺度荒漠化及石漠化形成、动态过程及其内在原因与驱动机理、耦合不同尺度生态过程等基础理论，研发水土资源生态调蓄与高效利用、土壤养分长期固持与地力综合提升等关键技术，构建生态修复技术与土地退化防控体系。

6）湿地生态质量提升与功能增强。重点研究湿地生态系统稳态转换过程及驱动机制、气候变化和人类干扰下湿地生源要素间生物地球化学耦合循环等基础理论，研发基于完整生物链恢复的生境修复、高效污染净化功能工程菌多介质高效无堵塞污染处理复合人工湿地、长效自维持与全球变化自适应的湿地恢复等关键技术。

7）山水林田湖草生命共同体综合治理。重点研究典型类型区自然生态系统格局演变规律及驱动机制，评估国家生态安全关键区生态系统健康与服务功能的演变状况以及区域生态承载力；研发山水林田湖草生态保护与修复关键技术，建立以山水林田湖草综合生态系统为核心的国家生态安全保障格局。

（2）森林培育与林木遗传育种

1）木竹材细胞壁结构形成的分子调控机制。开展木竹材全基因组关联分析、木竹体细胞胚胎发生维持和分化调控发育模型和机制、木竹材导管和纤维细胞对逆境胁迫适应机制和基因调控网络等研究。

2）林木干细胞协同调控生长发育与环境适应性机制。开展干细胞协同调控地上和地下生长发育分子机制、干细胞分化调控木材形成分子机制、干细胞分化响应不同环境的关键因子等研究。

3）森林资源多目标培育理论基础研究。开展树木生长发育生理生化机制、林分养分限制机理及调控策略、林地地力长期维护机制、树木生长及适应性气候变化响应机制等研究。

4）经济林高效培育生理遗传基础。开展特色经济林树种产量和品质形成机理、重要性状功能基因作用机制、栽培生理及其水肥效应、树形精准调控机理以及逆境防御与适应机制等研究。

5）林木良种高效创制与选育技术研究。开发符合林木自身特点的基因组编辑技术，加强高世代育种亲本选择方法、骨干亲本创制筛选和杂种优势利用研究，选育高产、优质、高抗林木新品种，构建林木良种高效繁育技术。

6）森林多目标培育关键技术研究。开展人工林种苗繁育及质量调控、立地评价及选择、密度配置及调控、空间结构优化、植被与肥水管理、生长发育动态模拟等技术研究；开展天然林多功能定量评价、密度调控与抚育间伐、正向演替序列促进等关键技术研究。

7）重要经济林树种量质提升技术研究。开展亲本选配、聚合多性状种质创制研究，培育优质丰产及成熟期、株型、果实均匀度等适于机械化作业的新品种，研发机械化、轻简化和智能化栽培、产品采后处理与规模化贮藏、产品增值加工与综合高值化利用等技术。

（3）森林经营与保护

1）森林可持续经营。研究森林经理区划和规划的理论和方法，研发多目标经营决策技术，构建多尺度、多目标、多功能优化经营模式。研究典型森林生态系统对计划性经营的响应及其机理，建立典型森林类型全周期经营模式。

2）森林生长收获预估。研究森林多水平随机生长模拟理论框架和分析方法、立地质量空间评价模型、树木和林分随机生长与收获模型，构建不同尺度林木及森林生长收获模型系统。

3）森林资源监测。研究遥感森林探测机理，遥感数据定量化处理技术，森林参数智能化提取和反演方法。以我国新一代卫星－低空－地基遥感为主要观测手段，突破天－空－地多源数据协同应用、森林结构参数多模式遥感协同反演等技术瓶颈，构建森林精准监测系统。

4）森林资源信息管理。开展多类型森林资源信息海量数据管理、森林空间数据信息系统和集成、林业三维仿真虚拟与可视化等研究，研发森林规划决策软件工具和平台，构建林业一张图，实现森林资源信息的智能化管理和科学决策。

5）森林害虫精准检测监测预警技术研究。开展害虫精准快速检测和鉴定、林分尺度灾害快速高效监测和预测等研究，研建高精度灾害监测模型，研发害虫自动检测鉴定设备，实现森林虫害的实时精准监测预警。

6）森林害虫高效绿色防控新技术研究。挖掘林木抗虫相关重要功能基因，研发生物靶标导向的高效农药及应用技术、高效农药精准减量施用核心技术及配套装备、基因改良的昆虫天敌及应用技术，实现害虫的高效绿色防控。

7）林木病害流行成灾机制和监测技术研究。深入探索林木病害病原物种类多样性与致病力分化过程、驱动力和机制，揭示森林生态系统各组分与病原物消长关系，阐明森林重要病原物毒力因子和寄主抗性互作的分子调控网络机制，构建基于分子机制的高效特异检测和监测预警技术体系，实现对潜在重大危险性林木病害的高效监测和预警。

8）林木病害绿色防控技术研究。研究立地因子、寄主抗性、有益微生物和林分经营管理等因素介导的林木病害生态调控、基于有益微生物及其代谢产物调控与优良抗病材料应用为基础的病害控制，实现林木病害的绿色防控。

9）森林火灾综合防控关键技术研究。开展景观尺度防火阻隔体系构建、生物防火林带和计划烧除、林分尺度上的可燃物综合调控、以营林抚育措施为主的可燃物综合调控等技术研究，构建可燃物载量和参数的空间连续化模拟模型。

10）智能化火灾监测、指挥与扑救关键技术研究。研究智慧林业物联网智能火灾监测和信息采集、火点定位和图像传输、火场场景地图重构等技术；研究卫星、无人机、地面视频观测数据的融合、大型火场的图像拼接与融合，形成智能化的火灾处置和定点扑救技术。

（4）木材科学与林产化学加工工程

1）木竹材料加工利用的结构与化学基础。重点研究木材组织结构与性能构效关系、木材应力集中与弱相失效规律，揭示实体木材结构调控提升性能的作用机制；研究木竹材主要成分选择性精准拆解规律，探明木质材料多尺度结构形成机理及界面复合效应；研究木材主要成分分子结构精准修饰规律，揭示木材定向解聚及其可控组装机理。

2）林源天然产物成分解析与高效转化基础。研究多糖、萜类、生物碱、精油等功能有效成分代谢形成途径，阐明代谢产物形成机制；研究有效成分分布与富集规律、结构特征与功效评价；研究贮运、预处理、提取分离等过程特定成分物性变化规律与调控机制；研究目标成分化学、生物高效定向转化与功能作用机制，建立目标成分物性化学与生物转化调控机制。

3）木质产品绿色制造与应用关键技术。重点开展无醛生物胶黏剂制备与应用、绿色表面装饰材料制备与饰面加工、木材节能干燥与人造板干燥热压尾气 VOC 节能治理、木质制品不适气味消减、木制品涂饰废气污染处理、木质粉尘低能耗高效净化及爆炸诱发源探测监控等关键技术研究。

4）木质家居产品智能制造关键技术。重点开展人造板生产线连续化与智能控制、整体家居产品大规模定制与柔性化生产、实木家具数字化设计与智能制造、木材外观机器视觉识别、木材加工在线生产无损检测、家居木制品数控装备信息互通平台与软硬件接口标准化等核心技术研究。

5）非木质资源绿色加工关键技术。重点突破非木质资源活性成分高效提取分离、活性成分选择性修饰与功能评价、松脂和油脂绿色催化合成与结构定向转化、植物精油提取转化与功能拓展、副产物综合利用等关键技术，筛选新型功能活性成分，开发电子化学品、医药中间体、天然饲料添加剂、林源生物农药等非木质资源系列产品。

6）木材剩余物增值利用关键技术。研究木质纤维原位修饰和分子绿色改性、多组分复合反应、界面定向改性复合、低质混合材低成本节能制浆、食用菌栽培基质营养富集与仿生化、热化学定向转化制备新型功能碳材料、规模化炭热联产等关键技术与装备，研发包装、3D 打印等功能材料、功能活性炭等新产品。

3. 实现路径

（1）加强林草资源高效培育技术创新

针对我国林草资源生产力低、对外依存度高，资源总量不足等问题，围绕速丰林、储备林等国家重点林业和草原工程建设需求，重点研究人工林和草原生态功能及其稳定性的调控与维持机制、重大森林和草原灾害扩散蔓延机理和防控基础等基础理论，攻克智能精准多元化林草品种设计与选育，生产力动态模拟与全周期精准调控、天空地一体化林分质量精准监测、灾害精细预报与绿色防控等关键技术。到 2035 年，林草品种设计与智造、人工林大径材培育技术和森林资源智能监测实现国际领先，建立育、繁、推、培、控、营一体化的林草资源培育工程化技术体系。

（2）加强林草产品绿色生产技术创新

针对林草产品供给能力不足、资源综合利用效率不高、生产能耗物耗高、生产效率低等问题，围绕林草产品绿色制造、智能制造等产业需求，重点研究木竹材细胞壁结构形成的分子调控机制、生物质原料热化学定向转化、林草植物有效成分定向提取与作用机理、生物质资源功能化材料设计等基础理论，攻克木质产品绿色制造、木质家居产品智能制造、非木质资源绿色加工、经济林产品精准生产、有机牧草与优质饲草高效生产等核心关键技术。到 2035 年，家具材料与产品大规模定制技术实现国际领先，建立我国林产品绿色制造技术体系，实现生产过程绿色清洁化、关键装备智能化、产品多元联产高值化。

（3）加强林草生态保护修复技术创新

针对我国生态退化和脆弱问题依然突出、优质生态产品供给能力严重不足等问题，围绕美丽中国建设和山水林田湖草系统综合治理为目标，重点研究林草生态系统稳定性维护机制、林草应对气候全球变化的响应和适应、草地综合治理多目标适应性优化理论、区域生态安全动态阈值、山水林田湖草系统多维耦合关系等基础理论，攻克典型天然林和草地适应性经营、特殊困难立地生态修复与产业发展、重点区域防护林结构精准调控与功能提升、草原生态系统抗逆功能增强与生态承载力提升、国家公园建设与生物多样性保育等关键技术，到 2035 年，形成完整的山水林田湖草生命共同体协同发展理论体系，生态资源总量显著增加、生态退化问题基本控制，林草生态工程理论与技术水平跻身国际领先行列。

（4）建设新时代林草科技平台

科技创新基地和科技基础条件保障能力是实施创新驱动发展战略的重要基础和保障，是提高国家综合竞争力的关键。加快在战略科技力量中布局森林生态、林产物理和化学等林草领域的国家实验室、国家重点实验室。加强林草国家生态网络野外观测定位研究站，重点在森林、荒漠、湿地、草原生态系统，布局黄河小浪底森林生态系统、宝天曼森林生态系统、三峡库区森林生态系统、红树林湿地生态系统、若尔盖高寒湿地生态系统、库姆塔格荒漠生态系统、敦煌荒漠生态系统等国家野外观测定位研究站。同时，加强木材科学与技术创新中心、林草产业科技创新中心以及重大基础设施和长期试验基地等科研平台建设。统筹林草科技数据中心等平台资源，构建林草科学数据监测网络，重点开展林业和草原长期性基础性工作。

（5）强化科技人才队伍建设

设立林草领域高层次人才计划。整合现有各级各类林草领域科技人才计划，建立统一标准和政策，实行分类遴选和重点支持。推进创新、转化、支撑和管理四支林草科技人才队伍建设。制定人才队伍分类评价和激励措施，引导人才合理有序流动。倡导正确的人才观、价值观，创新人才柔性引进制度，制定人才有序流动政策，加大力度支持人才向西部和基层等乡村振兴最需要的地区集聚。加快构建科学诚信体系，建立林草科研诚信负面清单，划定行为边界和行动底线，保护科学家的首创精神。健全林草科研分类评价体系，针对不同类型的科研人员、科研项目和科研机构，设定相应的评价方法和评价指标，适当拉长评价周期，将评价结果作为资源配置的主要依据。构建"宽授权、强监管"科研管理体系，赋权科研一线人员在项目组织和经费使用等方面的自主权，推动科研管理信息化和公开化。

（6）拓展国际合作空间

依托国家"一带一路"合作倡议、中非合作等国际合作平台，强化统筹利用国际国内两个平台、两种资源，提升我国林草质量效益和竞争力，发挥林草学科优势、人才优势和技术优势，通过牵头组织实施全球林木泛基因组研究计划、农林废弃物资源高效综合利用、木竹细胞壁计划、陆地生态系统、国际农林生态系统等国际大科学计划，打造国际合作大科学平台，促进林草科技发展全面融入全球化进程，深化国际合作与交流，服务国家战略，赢得参与国际市场竞争的主动权。

（三）中长期（2036—2050年）

1. 目标

全面建成现代林草科技创新体系，凝聚一批世界领军人才，拥有一批世界领先的科技创新平台，自主创新能力位居世界林草科技国家前列，全面引领世界林草科技发展。

2. 主要任务

在林草资源高效培育方面，围绕林草品种设计与智造，重点加强新一代基因组编辑、全基因组选择、合成生物学等基础性底层技术突破，深化与大数据、云计算、人工智能等新一代信息技术深度交叉融合，创制新型高效智能、多元化林草产品，推动智能化和工厂化林草业育种的产业革命；围绕林草资源集约化培育，重点突破水分和养分精准调控、全周期经营管理、自动化感测、智能化决策和装备现代化等技术，实现林草资源培育生产、加工、流通到终端消费者的高度集成化和自动化；围绕林草资源信息化，重点突破基于物联网、遥感、北斗导航系统的林草智能感知，基于林草大数据、林草智库的林草智能分析，基于移动互联网、云服务的林草智能服务等技术，实现林草资源监测与信息服务的个性化、智能化、协同化和可视化。到2050年，构建生产能力高效、经营规模适度、储备调节有序、生态环境良好的林草资源培育体系，基本解决国家木材安全问题。

在林草产品绿色生产方面，围绕绿色制造和智能制造，以增值降耗为目标，重点突破木基纳米材料、木基结构材料、有机挥发物减控、林源活性物绿色提取与利用等技术，以及木制品数控加工和柔性制造等技术，开发环境友好型林草新产品；围绕战略新兴产业，重点研发新一代生物质能源、生物质材料、非木质林产品、3D打印、功能性产品开发等战略高新技术，拓展林草产业发展链条；围绕林草装备发展瓶颈，重点突破林草装备数字化设计、现代制造、自动化控制和节能制造等技术，研发能耗低，稳定可靠性好的新一代林草装备，提升我国林草装备水平。到2050年，林草产业规模稳居世界第一位，产业结构合理，迈入全球产业分工中高端位置，建成林草产业创制强国。

在林业生态保护修复方面，围绕生态修复系统化发展，重点研究山水林田湖草多系统综合治理等技术，建立完善的山水林田湖草综合治理技术体系，实现生态修复与生态产业协同发展；围绕生态修复功能多样化发展，重点研究林草立体种植养殖融合发展、绿色资源循环利用等技术，提升林草生态系统功能和提升生态服务价值；围绕生物多样性保护，攻克濒危野生动植物保护关键技术，形成支撑野生动植物资源良性循环的技术体系；围绕应对气候变化，突破气候变化与林草生态系统的耦合、林草生态系统固碳增汇等技术，建立成熟的林草适应和减缓气候变化技术体系。到2050年，我国生态资源总量显著增加，生态退化问题得到有效控制，应对气候变化及防灾减灾能力大幅提升，将建成完善的林草生态安全体系。

3.　实现路径

（1）加大对林草科技的长期稳定支持

持续加大国家对林草科技的经费投入和稳定支持力度，构建符合林草产业特点和科技创新规律的投入机制，组织跨学科和长周期的战略性、基础性、公益性重大科技问题协同攻关，形成以长期稳定支持为特征的林草科技投入新模式。

（2）构建新型林草科技创新机制

面向国家重大战略需求，推动形成跨区域、跨学科、跨单位的协同创新组织模式，构建上中下游协同攻关模式，推进学科交叉融合，提升创新效率。要针对产业发展瓶颈，开展关键核心技术、产业区域共性技术研究，支撑引领乡村振兴和林草现代化发展。

（3）完善林草科技创新体系

激发各类主体创新活力，建立分工明确、协同有序、更具活力的林草科技创新体系。加快布局国家重点实验室等战略科技力量，提升自主创新能力。统筹整合省级林草科研机构和高校等区域科技创新力量，建立区域性创新中心，承担涉及重大区域性科技任务。营造一流的创新环境，打造一流的创新条件，凝聚一流的创新人才，培育一流的创新成果。

参考文献

［1］彭祚登. 沈国舫先生关于天然林保育思想的研究［J］. 北京林业大学学报（社会科学版），2017，16（4）：1-7.

［2］盛伟彤. 中国人工林及其育林体系［M］. 北京：中国林业出版社，2014.

［3］张守攻，齐力旺，李来庚，等. 中国林木良种培育的遗传基础研究概览［J］. 中国基础科学，2016，18（2）：61-66.

［4］Barabaschi D., Tondelli A., Desiderio F., et al. Next generation breeding［J］. Plant Science，2016，242：3-13.

［5］季孔庶，王潘潘，王金铃，等. 松科树种的离体培养研究进展［J］. 南京林业大学学报（自然科学版），2015，39（1）：142-148.

［6］中国林学会. 2016—2017林业科学学科发展报告［M］. 北京：中国科学技术出版社，2018.

［7］李坚，孙庆丰. 大自然给予的启发——木材仿生科学刍议［J］. 中国工程科学，2014，16（4）：4-12.

［8］Gasson P，Cartwright C，Leme CLD. Anatomical changes to the wood of Croton sonderianus（Euphorbiaceae）when charred at different temperatures［J］. IAWA Journal，2017，38（1）：117-123.

［9］Zhao GL，Yu ZL. Recent research and development advances of wood science and technology in China：impacts of funding support from National Natural Science Foundation of China［J］. Wood Science and Technology，2016，50（1）：193-215.

［10］Song J，Chen C，Zhu S，et al. Processing bulk natural wood into a high-performance structural material［J］. Nature，2018，554，224.

［11］刘军利，蒋剑春. 创新驱动林产工业绿色发展［J］. 生物质化学工程，2018，52（4）：36-44.

［12］Moving Beyond Drop-In Replacements：Performance-Advantaged Biobased Chemicals，U.S.DOE，2018，6.

［13］杨礼通，陈大明，于建荣. 生物基材料产业专利态势分析［J］. 生物产业技术，2016，2：73-79.

［14］屠海令，张世荣，李腾飞. 我国新材料产业发展战略研究［J］. 中国工程科学，2016，4：90-100.

［15］Kangas A，Kangas J，Kurttila M. Decision Support for Forest Management［J］. Springer，2015.

［16］Keenan RJ. Climate change impacts and adaptation in forest management：A review［J］. Annals of Forest Science，2015，72（2）：145-167.

［17］Lei X，Yu L，Hong L. Climate-sensitive integrated stand growth model（CS-ISGM）of Changbai larch（*Larix olgensis*）plantations［J］. Forest Ecology and Management，2016，376：265-275.

［18］李增元，陈尔学. 合成孔径雷达森林参数反演技术与方法［M］. 北京：科学出版社，2019.

［19］唐守正，雷相东. 加强森林经营，实现森林保护与木材供应双赢［J］. 中国科学：生命科学，2014，44（3）：223-229.

［20］张会儒，雷相东，张春雨，等. 森林质量评价及精准提升理论与技术研究［J］. 北京林业大学学报，2019，41（5）：1-18.

［21］陆元昌，刘宪钊. 多功能人工林经营技术指南［M］. 北京：中国林业出版社，2014.

［22］Leakey RRB，Simons AJ. The domestication and commercialization of indigenous trees in agroforestry for the alleviation of poverty［J］. Agroforestry Systems. 2017，38（1-3）：57-63.

［23］袁军，谭晓风，袁德义，等. 林下经济与经济林产业的发展［J］. 经济林研究，2015，33（2）：163-166.

［24］中国林学会. 2008—2009 林业科学学科发展报告［M］. 北京：中国科学技术出版社，2009，67-82.

［25］刘世荣，杨予静，王晖. 中国人工林经营发展战略与对策：从追求木材产量的单一目标经营转向提升生态系统服务质量和效益的多目标经营［J］. 生态学报，2018，38（1）：1-10.

［26］张传溪. 中国农业昆虫基因组学研究概况与展望，2015，48（17）：3454-3462.

［27］中国昆虫学会. 2016—2017 昆虫学科发展报告［M］. 北京：中国科学技术出版社，2018.

［28］张星耀，吕全，梁军，等. 中国森林保护亟待解决的若干科学问题［J］. 中国森林病虫，2012，31（5）：1-6，12.

［29］Evenden ML，Silk PJ. The influence of Canadian research on semiochemical-based management of forest insect pests in Canada［J］. The Canadian Entomologist，2016，148（S1）：S170-S209.

［30］Aylward J，Steenkamp ET，Dreyer LL，et al. A plant pathology perspective of fungal genome sequencing［J］. IMA Fungus，2017，8（1）：1-15.

［31］Baldrian P. Forest microbiome：diversity，complexity and dynamics［J］. FEMS Microbiology Reviews，2017，41（2）：109-130.

［32］Ghelardini L，Pepori AL，Luchi N et al. Drivers of emerging fungal diseases of forest trees［J］. Forest Ecology and Management，2016，381：235-246.

［33］Hardoim PR，van Overbeek LS，Berg G. The hidden world within plants：ecological and evolutionary considerations for defining functioning of microbial endophytes［J］. Microbiology and Molecular Biology Reviews，2015，79（3）：293-320.

［34］Leach JE，Triplett LR，Argueso CT，et al. Communication in the phytobiome［J］. Cell，2017，169（4）：587-596.

［35］Sanchez-Vallet A，Fouche S，Fudal I，et al. The genome biology of effector gene evolution in filamentous plant pathogens［J］. Annual Review of Phytopathology，2018，56（1）：21-40.

［36］蒋有绪. 论 21 世纪生态学的新使命——演绎生态系统在地球表面系统过程中的作用［J］. 生态学报，2004，8：252-255.

［37］国家自然科学基金委员会生命科学部编. 国家自然科学基金委员会"十三五"学科发展战略报告·生命科学［M］. 北京：科学出版社，2017.

［38］中国林业科学研究院编著. 森林生态学学科发展报告［M］. 北京：中国林业出版社，2018.

［39］Akselsson C, Belyazid S. Critical biomass harvesting – Applying a new concept for Swedish forest soils［J］, Forest Ecology and Management, 2018, 409：67–73.

［40］Clemmensen KE, Bahr A, Ovaskainen, et al. Roots and Associated Fungi Drive Long–Term Carbon Sequestration in Boreal Forest［J］. Science, 2013, 339（6217）：1615–1618.

［41］Colin A, Benjamin LT, Adrien CF. Mycorrhiza–mediated competition between plants and decomposers drives soil carbon storage［J］. Nature, 2014, 505（7484）：543–545.

［42］Wutzler T, Zaehle S, Schrumpf M, et al. Adaptation of microbial resource allocation affects modelled long term soil organic matter and nutrient cycling［J］. Soil Biology and Biochemistry, 2017, 115：322–336.

［43］Filippi JB, Mallet V, Nader B. Representation and Evaluation of Wildfire Propagation Simulations［J］. International Journal of Wildland Fire, 2013, 23（10）：46–57.

［44］王绍强, 王军邦, 居为民. 基于遥感和模拟模型的中国陆地生态系统碳收支［M］. 北京：科学出版社, 2016.

［45］于贵瑞. 陆地生态系统通量观测的原理与方法（第二版）［M］. 北京：科学出版社, 2018.

［46］崔丽娟, 张骁栋, 张曼胤. 以总量管控激发湿地全面保护新动能——中国湿地保护与管理的任务与展望——对《湿地保护修复制度方案》的解读［J］. 环境保护, 2017, 45（4）：12–17.

［47］Schuerch M, Spencer T, Temmerman S, et al. Future response of global coastal wetlands to sea–level rise［J］. Nature, 2018, 561（7722）：231–234.

［48］Melillo JM, Frey SD, DeAngelis KM, et al. Long–term pattern and magnitude of soil carbon feedback to the climate system in a warming world. Science, 2017, 358（6359）：101–105.

撰 稿 人

王军辉　张会儒　迟德富　王立平　尹昌君　刘庆新　曾祥谓　张永安　李　莉

张劲松　吴　波　舒立福　段爱国　张于光　韩雁明　曾立雄　丁昌俊　倪　林

李　勇

第二章　林木遗传育种

一、引言

林木遗传育种学科是研究森林和树木遗传变异规律，为特定目标选育和繁殖林木良种，对森林进行遗传管理的学科。其根本任务是为森林可持续发展提供优良品种、理论、技术与专业人才。

我国林业科学和林业生产发展的实践证明，林木遗传育种依然是今后相当长时期内林业科学的带头学科。因为"良种"是营林生产的内因，是林木生长发育的物质基础，选育优质、高产、抗逆性强的林木良种是加强生态环境建设、提高木材产量和质量的保障，也是缓解森林资源短缺的有效途径。无论是发展生态林、防护林、速生丰产林还是经济林，林木良种选育始终是最基础、最关键的因素。

林木遗传育种学科肩负林木遗传育种人才培养、科学研究和良种选育及推广应用等任务。培养林木遗传育种高水平创新人才、创新精准高效育种和繁殖技术，选育速生、优质、抗逆性及适应性强的林木良种并服务于林业生产是其主要目标。其中，在科学研究方面主要包括三个领域，一是森林遗传学，主要探索不同性状在树木群体、个体、细胞及分子水平上的遗传变异规律，调控和进化机制，为森林遗传资源的保存、经营及遗传改良提供基础理论；二是树木遗传改良理论与方法，在树种遗传与生物学特性研究基础上，研究科学有效的引种、选择和杂交等改良技术方法，制定树种遗传改良和良种繁育的策略、程序与实施方案，为提高林木产量、品质、抗性和适应性提供技术支撑；三是林业生物技术，为提高树木遗传改良的效率、效益和效果，综合采用现代生物组学、分子生物学、生物化学、遗传学、细胞生物学、胚胎学、免疫学、生物信息学的理论方法和基因工程、细胞工程、基因组编辑及计算机科学等多学科技术，提高遗传改良与繁育技术效率，缩短改良周期、简化程序、提高精度和改良效果，促进林木遗传改良与良种繁育的发展。关键技术包括以下内容。

1）树木遗传与变异研究技术。包括树木性状表观构成的分子基础与调控因子检测技术；树木表型多生境因子的精准拟态遗传测定技术；树木适应性与抗逆能力的精准检测与分子辅助测定技术；树木优良种质的分子检测与辅助选择技术；树木重要性状优化的基因组编辑技术等。

2）树木种质资源研究技术。包括天然种群遗传多样性与适应性的新型分子标记及高效分析技术；树木优良、珍稀和特异种质资源的编目、评价指标体系与信息库构建；树木品种、良种、育种群体、良种生产群体的分子指纹库建设技术等。

3）高级育种体系构建技术。包括多育种目标的异交、近交、杂交、多倍体、有性与无性繁殖的多样育种群体设计；不同育种群体的分子辅助设计与选择构建技术；基于分子辅助的高级选择群体构建设计与评价技术体系；基于基因组设计和编辑等先进技术的高级基础群体构建技术等。

4）良种高效繁育技术。包括针叶树高级种子园营建及经营技术体系；不同遗传育种研究基础的初级种子园改良与高级化建设策略与方法；多世代种质的高级种子园设计技术；多育种目标高级种子园的目标区布局与配置设计；种子园高接整形升级建设技术；种子园树体管理与开花高效调控技术；种子园水、肥、药施用与自动控制体系等。

5）树木良种规模化标准化无性繁殖技术。包括开展繁殖材料的幼化与复壮调控、采穗圃营建、规模化扦插繁殖等技术研究；开展轻基质容器等高效标准化设施育苗及大规格优质容器苗培育等技术研究等。

二、国内外发展现状的分析评估

（一）国内外现状

国内外的针叶树遗传改良均向高阶推进，生长、材性与抗逆是主要育种目标，国际上火炬松等已进入第四轮改良，中国多数树种进入第二轮改良，杉木进入第三轮改良；高阶良种基地将逐步成为人工林培育的主要种质来源；分子辅助的良种基地遗传管理、亲本遗传设计与无性系配置设计已成功应用；用优良家系造林有较大发展，基于体细胞胚发生技术的优良体胚系选择与规模化繁殖已在一些树种中应用；火炬松实施基因组辅助选择和种质遗传设计策略，利用基因检测替代传统遗传测定，以及树冠嫁接繁育良种，其改良周期已可缩短至4.5年；阔叶树种的分子辅助设计杂交制种、多倍体育种、强化育种、精准高效测定、良种的无性系高效繁殖体系与技术等是主流，永久性国家级育种试验基地建设逐步受到重视，中国已建立了294处国家重点林木良种基地，涵盖主要树种92个，为人工林培育的良种化提供了重要保障；基于现代多阶生物组学的树木重要性状形成机理研究已普遍开展，国内外数十种木本植物发表了全基因组测序成果，一些树种的相关研究在进行中，国际树木基因组文库信息不断充实并共享，为基于生物组学信息的现代育种理论与技术发展提供了重要基础；一些重要树种已开始了基于生物组学信息与基因组编辑和调控技术的树木分子设计育种探索。

（二）研究前沿、热点

基于生物信息学的树木生长、材性、抗性及生殖性状的形成与表观变异的基因调控网络构建，不同层级调控因子的功能、作用机制与互作博弈，遗传调控网络及主导因子对环境信号的响应，关键遗传调控因子的检测标记等将仍是树木遗传基础研究领域的前沿与热点；基于基因组编辑、遗传调控、基因时空定位删除技术，生物安全的高效遗传转化体系构建，高效经济的体胚苗繁育体系，基于基因表达重编程的营养器官外植体的体胚发生技术，树木生殖的促进与抑制技术等是方法研究发展的热点；基于生物组学、生物技术和高阶拟态测定的高效精准育种程序与技术体系是应用重点。

三、国际未来发展方向的预测与展望

（一）未来发展方向

随着人类对多元功能森林的高效利用现实需求，以及温室效应等环境和气候的变化，人类对木材资源的依赖、生态建设需求等的侧重不断变化，林木遗传育种的目标和策略将按应对相关需求和变化而逐渐发生转变；同时，随着相关学科领域及林木遗传育种自身的飞速发展，多学科渗透及交叉学科应运而生，将推动林木遗传育种的理论和方法朝着多分支深化与综合性体系形成双向齐头并进，以满足多树种、多层次、定向化选育的格局及林分遗传管理策略制定和决策支持、咨询等业务的发展需求。

林业的发展方向决定了林木遗传育种能否为相关需求提供服务。一是遗传资源的相关工作，如何摸清资源家底，了解资源的遗传特点，构架开发利用的关键育种技术，将成为焦点；二是直接影响学科发展水平的林木遗传育种基础理论及技术创新会成为关键，特别是基于基因水平的纵深研究和基于表型组学的整个植株和群体水平研究将得到快速推进，随着经济发展，林业在全社会中的地位提升，必将引领基础研究和技术创新成为热点，而基于生物组学、宏数据、互联网等的发展，为林木遗传育种从深层次上形成新理论和创建新技术提供了前所未有的机遇；三是研究的目标性状将向林业多功能综合提升所需、增强林木抗逆性和适应性方向倾斜，随着人类对幸福生活的向往，林业改善环境、增加碳汇等的生态功能地位上升，使研究的目标性状关注热点发生转移，林业多功能、抗逆性与适应性的复杂性，决定了林木遗传育种必须发展成综合性体系的必然性；四是动态长期跟踪研究更适合林木遗传育种的相关研究，这将利于揭示林木遗传的规律，并为林木育种提供可靠支撑；五是林木遗传育种自身的系统工程特点，决定了需要学科间相互渗透、组建协作团队、多角度拓展研究内容，以攻克涉及的关键问题。

（二）重点技术

常规育种技术仍将是林木良种选育主角。作为林木遗传育种的基础性工作，林木遗传资源的收集、保存、评价和利用研究会越来越受重视；通过引种丰富本地种质，实现优异种质的共享和充分挖掘并驯化野生资源，仍将是较经济利用遗传资源的有效途径；通过交配设计和人工控制授粉累积加性基因效应仍将是良种创新的关键途径；种子园将继续作为良种生产的主要形式持续得到青睐；切实解决扦插繁殖技术关键，营建常规采穗圃，或者以组培苗作为采穗母株，再进行扦插繁殖，将在良种生产中发挥越来越重要的作用。新的试验设计理念和设计方法，可行可靠的统计方法，新的遗传分析理论和技术，及其相应软件的开发，将在推动林木遗传育种中发挥更大作用。

现代生物技术、宏数据分析、互联网技术等先进技术将成为林木遗传改良更有效的支撑。现代生物技术将更广泛地在一些重要造林树种的遗传改良中得到应用。复杂性状遗传机制的解释将取得突破并应用于选择；借助基因组测序技术，更多基因的功能将得到诠释并得到开发利用；DNA 序列信息将全面应用于基因资源评价、亲缘关系分析、育种值预测等方面；体胚技术将在更多树种上研发成功，并将在集约化商品林经营的树种和经济价值特别高的景观树种中得到应用。信息学、组学、宏数据、互联网技术将形成一个崭新、系统性、高效解决林木遗传育种技术创新的关键。林木的长周期性、性状表达在不同环境和不同发育阶段的差异性，决定了今后育种技术将朝着有利于动态跟踪、长期观测研究的方向发展。

四、国内发展的分析与规划路线图

（一）需求

我国拥有 46.8 亿亩宜林地，但却是木材等林产品严重缺乏的国家，木材对外依存度超过 50%。与能源供应安全一样，木材供应安全已经成为国家急待解决的重大战略问题，亟待通过加强木材资源培育和生产予以缓解。加之我国生态环境仍然非常脆弱，沙漠化面积 226.2 万平方千米，盐碱化面积 3400 万公顷，风沙海岸线长度 6830 千米，生态环境建设刻不容缓。木材安全、生态安全以及社会发展对相关林产品的需求，迫切需要选育高产、优质、高抗林木新品种，并尽快实现大规模扩繁和产业化应用。

（二）中短期（2018－2035 年）

1. 发展目标

（1）学术发展

基本形成以中国林学会林木遗传育种分会为指导，国家重点实验室、国家工程实验室、中国林业科学研究院和各林业大学为主体学术协同创新体系，致力于在重大森林遗传领域的学术探索，在学科相关的国家发展战略和重大科技计划制订中发挥重要作用，使森林遗传学研究学术影响进入世界先进行列，对学科理论发展作出较大贡献。

（2）技术进步

以省部级育种重点实验室为主体，以重大科技计划为依托，以提高林木育种效率、效益和效果水平为重点，在种质创新、检测技术、遗传评价、育种程序、良种繁育等关键技术领域有新突破。

（3）良种保障

以研究机构与国家重点良种基地协同创新为机制，以重要树种为核心，以促进良种质量与产量保障能力稳步提高为重点，开展技术集成创新研发，使我国重要树种的良种质量与保障能力达到新水平。

（4）人才培养

加强研究机构间研究生和专业技术人才培养的合作，使研究生在社会责任、学科义务、学术修养、创新能力和服务意识等方面有显著提高，专业技术人员普遍掌握先进技术。

2. 主要任务

（1）林木育种的遗传基础及技术方法

树木重要性状的功能基因解析及性状遗传位点的确立始终是高效林木遗传育种的必要基础。树木近 30 个物种全基因组测序的完成，为开展用材树种、经济林树种的树木组学研究（转录组学、蛋白质组学、代谢组学和表观遗传学等）奠定了基础。全基因组信息首先为林木种质资源的遗传评价提供了有力工具，可以揭示物种的形成、进化，群体的遗传变异和遗传结构，为物种的有效保存和利用奠定基础。全基因组信息也为采用高通量的基因功能分析方法、定位克隆关键功能基因提供了工具。例如基于高密度遗传图谱的 QTL 定位技术，基于重测序的大群体性状全基因组关联分析技术，都为揭示控制林木生长、品质、抗逆等重要性状的遗传基础提供了可能。在树木精细基因组基础上，可以高效解析与树木生长发育及抗逆关键调控基因的功能，从而为利用基因工程技术定向培育优质、高产、抗逆新品种提供理论和技术支撑。树木性状的遗传定位和功能基因的解析，为开展重要林木性状的分子育种、杂种优势与倍性优势形成机制和利用提供新途径与新方法。这不仅为林木新品种的培育提供基础，而且极大推动林木遗传育种学科的发展。

（2）林木种质资源及其收集、评价

林木种质资源的收集、评价是种质资源利用的首要关键步骤。通过在全国范围内充分调查天然野生林群体的分布和物种濒危等级，针对性实施抢救性保护、就地保护和迁地保护等不同的保存策略；开发种质资源保存技术，以苗木、种子、组织等形式进行高效管理和维护；利用基因组重测序等技术构建种质个体基因条码，明确植物系统分类信息，并与地理分布、自然性状等数据整合，创建主要林木种质信息数据库；开发林木新型分子标记及高效分析技术，结合表型差异数据，评价群体的遗传多样性，收集和培育长期育种谱系，构建核心种质资源库；对收集的种质资源进行生长、品质、抗逆性和适应性等综合评价，与全基因组变异数据进行关联，发掘调控优良性状的基因资源；选取种质材料，针对不同组织或时间点进行转录组、蛋白组和代谢组的联合分析，解析关键性状形成的调控机制；开展泛基因组的测序、拼接和比较，调查物种水平的基因构成和基因组进化，揭示种内变异与环境适应性的对应关系；构建林木基因数据库，跨物种整合基因与表型评价结果，加强林木种质资源实时性、可视化的分析与管理。

（3）林木育种共性关键技术与新品种创制

围绕林木生长、品质、抗性等重要性状遗传改良目标，运用全基因组关联作图和比较基因组学分析方法，通过林木分子遗传与表观遗传机制的联合分析，系统解析树木性状变异的重要遗传调控组分，定位与生长发育、品质形成、环境适应性等重要性状相关的功能基因及其分子标记，建立高效、稳定的林木全基因组选择育种策略。开发基于 CRISPR/Cas9 及 TALEN 等基因组编辑技术，实现突变体创制高通量化、功能基因鉴定高效化；同时，采用多基因聚合分子设计育种技术，整合集成可实现多基因共表达的 IRES 元件、安全筛选标记、基因敲除与转录激活技术，构建多基因共转化表达载体，研发适用于林木的新型遗传转化技术，实现安全、高效、多价基因共转化表达。加强高世代育种亲本选择方法、骨干亲本创制筛选和杂种优势利用研究，通过主要目标性状评价、遗传多样性分析以及精细基因组分型技术，根据不同的育种目标构建高水平育种亲本群体；在此基础上，研究突破物理和化学诱变剂的筛选、突变体分离和鉴定技术，实现高效、定向林木诱变育种；进一步熟化主要林木有性多倍化和体细胞染色体加倍等染色体组操作技术，通过有计划地添加、消减或代换同种或异种染色体或染色体组，实现定向改变主要林木遗传特性的育种目标。针对不同树种特性和育种目标，采取适宜的育种技术创制新种质，选育更为高产、优质、高抗的林木新品种。

（4）林木良种高效繁育与推广

加强林木良种的高世代种子园营建、无性系嫁接、种苗脱毒繁育、体胚发生、轻基质容器苗产业化生产和种子丰产、种子加工储藏、种苗安全储运等新技术的推广应用，全面提升良种生产和育苗技术水平，提高良种使用率。

建立针叶树高级种子园营建及经营技术体系：不同遗传育种研究基础的初级种子园改良与高级化建设策略与方法；多世代种质的高级种子园设计技术；基于分子辅助的高级种子园无性系配置设计；多育种目标高级种子园的目标区布局与配置设计；种质配置与产量效益优化的整形改建种子园设计；种子园高接整形升级建设技术；种子园树体管理与开花高效调控技术；种子园水、肥、药施用与自动控制体系等。

开展重要乡土阔叶树种良种繁育策略研究，建立其种子园营建及管理技术体系：合适的种子园类型，无性系/家系数量与布局，树体管理、花粉管理、水肥管理与健康管理技术，种子采收与调制技术等。

突破规模化标准化无性繁殖关键技术：开展繁殖材料的幼化与复壮调控、采穗圃营建、规模化扦插繁殖等技术研究；开展高效嫁接、林木脱毒及高效组培快繁、高频率体细胞胚胎发生等技术研究；开展轻基质容器等高效标准化设施育苗及大规格优质容器苗培育等技术研究。

以国家重点林木良种基地、省级重点林木良种基地和采种基地为骨干、其他基地为补充的林木种子生产体系。林木良种实行省级统一组织贮藏、统一组织调剂、定向供种的供应体系，其他种子由县级以上地方林业部门统一调剂使用。实行市场调节和宏观指导相结合，以市场为导向，国家、集体、个人多种所有制共同发展的苗木生产供应体系。建立高效的种苗生产技术标准和林木品种DNA指纹遗传鉴别制度，加强林木种子种苗监测，完善林木种苗质量管理体系，规范种子种苗市场。完善林木良种区域化试验制度，建立全国统一的林木良种区划体系，建立林木良种区域性推广应用标准化技术体系。

（5）林木遗传育种平台建设

在国家林业和草原局以及各级行业主管部门的领导下，根据国家林业产业发展与生态建设的战略需求，立足现有林木种业发展特点与育种资源基础，结合区域特点和功能布局，在进一步优化现有林木遗传育种重点实验室、工程实验室、技术中心、种质资源库、良种基地等国家和省部级平台资源配置、提升自主创新能力和科研支撑作用的基础上，积极推进相关科技平台建设，不断提升对林木遗传育种科技创新的支撑能力。

针对林木资源利用、新品种创制、规模化繁育等林木种业产业链的关键环节，加强对平台的建设、管理，优化平台考核标准，加强各研发机构间的学术协作，构建学术发展共同体和行业智库，形成强强联合、优势互补、以强带弱的良好竞争环境，巩固和加强学科在促进服务领域高水平发展中的重要地位；依托平台吸引大批优秀的专业人才，加强专业人才的培养质量，建立具有国际竞争力的团队，全面提高我国林木种业创新发展水平和种业国际竞争力；加强平台的国际化发展，引领并把握国际前沿及热点方向，提升我国林木遗传育种领域的国际影响力，促进我国"一带一路"倡议的实施，并提高国际化人才培养水平；加强平台的产业转化能力，围绕生态文明建设任务促进相关的成果产出，满足国家和行业的可持续发展需求。

（6）林木遗传育种人才队伍建设

当前，林木遗传育种领域通过高层次人才引进与本土人才培养相结合的政策，已在中青年人才队伍建设方面取得了长足进展，基本建成了一支年龄结构合理、专业素质过硬的创新队伍，培养了一批业务能力强、发展潜力大的优秀青年人才。但是与"大农学"领域相比，特别是与林学下属其他二级学科相比，林木遗传育种领域的院士以及中青年领军人才体量偏小，尤其是青年拔尖人才队伍建设有待进一步加强。

落实"引育并举"的人才培养政策，探索灵活多样的人才孵化机制，在继续加大国际高端人才引进力度的同时，注重林木遗传育种本土青年科技人才的培养与支持，健全林木育种人才协同培养机制；充分利用领军人才科技创新水平与核心竞争力，依托育种分会成立青年人才指导小组，在创新能力培养、林业新兴技术研发与各类人才项目申报等方面给予本行业青年人才必要的支持与指导，发挥行业领军人才的创新引领作用，培养德才兼备的青年拔尖人才；针对林木育种领域关键技术瓶颈与重大需求，结合"大林学"整体发展需要，加强与其他学科的交叉融合，加快建设理论型、技术型与复合型青年人才分类培养体系；完善多元化评价标准，健全个性化管理体制，充分激发各类人才的创新活力；加大研究生人才队伍的建设与质量提升，为林木遗传育种建设储备充足的后备力量，全面提高我国林木种业创新发展水平和育种人才国际竞争力；从而建立多元化人才培养模式，激发各岗位青年科技人才的奉献热情。

3. 实现路径

（1）面临的关键问题与难点

与发达国家相比，我国林木遗传育种领域处于"总体并跑、局部跟跑"阶段，原始创新能力弱、突破性大品种缺乏和资金链－创新链－产业链衔接等问题不断显现，尤其在国际前沿性重大基础理论研究方面的差距较大，种业核心共性关键技术缺乏的短板明显，成了制约我国林木种业高质量发展的关键性瓶颈。

对林木目标性状的调控网络和复杂性状形成机理的系统性不强，种质资源重要性状的精准鉴定和全基因组水平上的基因型鉴定尚处于起步阶段。我国主要人工林树种基因组测序尚未开展，遗传基础研究滞后，多数树种尚未制定科学的育种策略。

新常态下林业生态建设和产业发展对林木新品种需求十分旺盛，然而主要速生用材树种突破性品种少，平均每公顷林木蓄积量只有 90 立方米，不到德国等林业发达国家的 1/3，珍贵树种育种起步迟，高抗生态树种和优质丰产特种商品林新品种缺乏，林木新品种和良种生产与林业生态建设和产业需求存在巨大缺口。

我国多数树种正进入第二代改良阶段，多数种子园产量低，无法支撑林木良种选育繁育技术的有效转化。林木种业的商业化机制尚未建立，技术经济政策体系尚不完善，产业综合竞争力不强，制约了林木种业企业发展。

从林木种业源头创新的目标出发，瞄准国际科技前沿，结合现有研究基础，立足高世代种子园、无性系林业等传统育种研究方向，积极拓展基因组选择育种、体细胞胚胎发生、表型系统设计、生物大数据与智能决策等新兴学科领域，按照产业链布局科技创新链。

（2）解决的策略

揭示林木种业的重大科学基础。发掘携带优异基因资源种质并分析变异特点，开发功能型分子标记。解析林木生长、品质、抗性等重要性状形成的分子调控机制。揭示多年生林木对环境周期性变化响应的分子机理，阐明林木对不同生境适应性的分子机制，林木干细胞特异分化的分子协同调控机理，构建干细胞分化与重要性状形成的网络。解析林木重要性状关键调控蛋白互作组及抗体组图谱。建立林木体细胞胚胎发生、维持和分化的人工调控发育模型和网络。

突破林木种业的重大关键技术。研制林木种质资源基因型鉴定和表型精准鉴定的质量控制体系。构建林木复杂性状早期精准鉴定技术体系，攻克松杉雌雄比例调控技术、高世代种子园高产稳产技术和高效倍性育种技术。建立主要林木体细胞胚胎高效生产体系，创建主要林木规模繁殖同步调控等技术。研发林木野外数据智能化和规模化采集与分析、无损检测设备、种子和苗木智能化分选、林木种苗规模化嫁接和全自动工厂化容器苗育苗生产线、环保泡沫育苗容器生产设备、连体压缩育苗块生产设备、可调节型植物育苗补光设备和信息系统。

加快林木种业技术的集成与产业化。以松、杉、杨、桉等速生树种，柚木、楠木等珍贵树种，毛竹等竹类植物，刺槐、沙棘和砂生槐等生态树种为对象，开展高世代育种群体构建、早期多性状精准选择、全基因组关联分析、转基因育种和体胚产业化繁育等核心技术研究，构建林木草多年多点、全生命周期、多性状的智能化测试平台，创制优质高产抗逆、节水节肥节药、宜加工的高附加值林木新品种，建立绿色高效良种规模化繁育和推广技术体系，实现新品种的大面积推广应用。

（三）中长期（2036—2050年）

1. 发展目标

以有利于保育重要遗传资源，充分开发树木各种功能效益为应用目标，不断创新理论和技术，使林木遗传育种研究水平和影响力进入世界前列，技术和产品在促进关联经济发展，美化优化生态环境等方面发挥更加重要的作用，为维护国家生态安全，建设国家生态文明和美丽中国作出更大贡献。

2. 主要任务

以森林与树木遗传学理论创新、树木遗传资源的评价与可持续保育、树木选育种质的高效精准遗传与环境测定技术、树木多目标优良种质的遗传设计与高效定向创育、育种程序的简洁精准高效以及良种繁育技术体系的品质与生产效率优化为主要学科发展方向，密切结合林业经济、生态安全与景观环境优化领域的未来发展需求。

3. 关键问题与难点

我国林木育种仍主要依赖常规育种方法，面临周期长、效率低、育种材料遗传背景狭窄等瓶颈，现有良种数量和质量难以满足生产需求，与林业先进国家相比还存在较大差距。主要人工林树种基因组测序尚未开展，遗传基础研究滞后，核心关键技术的研发和应用进展相对缓慢。如何开展和推进以分子设计和安全基因工程技术为核心的分子育种研究，实现由传统的表型选择到基因型选择的转变，逐步跨入定向、高效的"精准育种"阶段，成为林木遗传育种的难点。同时，林木木材品质、抗逆性等许多重要性状是由多基因控制的复杂性状，随着基因组学、表型组学等的快速发展，如何在全基因组范围内探索林木重要性状的多基因遗传规律，将实现控制性状关键遗传因子的发掘，提高基因工程技术应用的目的性，真正培育出针对复杂性状改良的突破性新品种，也是急需解决难题。以此为基础，将极大提高我国林木育种科技水平和育种效率，有助于新一代育种理论和技术体系发展。

4. 发展策略

建立我国林木遗传育种学科发展与新常态和重大科技变革趋势相适应的主动应变机制，密切各研发机构间的学术协作，构建学术发展共同体和行业智库，积极服务国家生态文明与行业发展需求，为重大政策和科技进步提供智力支持与创新依托，巩固和加强学科在促进服务领域高水平发展中的重要地位。

以国际重点学术发展方向与前沿科技研究领域为引导，充分利用现代分子生物学、生物信息学和生物组学理论，借鉴模式植物和作物遗传研究的成功经验，汇聚相关技术与应用学科的先进理论与技术方法，将最新的基因与基因组编辑、基因表达调控技术、高效分子标记技术、高级生物组分析技术、性状高效精准检测与调控技术等引入林木遗传育种研究。

以制约现代林木种业创新发展的关键技术问题为重点，充分利用现代生物信息资源与技术、环境控制技术、遗传与生理特性检测技术等，积极寻求在育种程序与技术的简约、高效、精准、可控的突破性发展，切实提高我国林木育种的效率和技术水平。在林木功能标记开发、遗传网络和代谢网络构建，林木功能标记数据库和信息网络构建、分子设计育种等技术体系构建上，实现相关技术的突破，进一步提高我国林木遗传研究的原始创新和集成创新能力。

提高研究人才培养质量，加强专业人才的新科技培训，稳步提高林木种业人才科技素质，全面提高我国林木种业创新发展水平和种业国际竞争力。

（四）路线图

在未来的三十年内，围绕林业生产的良种化需求，加强国家和省级林木遗传育种创新团队、重点实验室、良种基地建设，瞄准林木遗传育种前沿重大科学问题和关键共性技术难题，在广泛收集林木种质资源、揭示林木群体遗传变异规律以及重要性状遗传基础的基础上，构建基于杂种优势发掘及分子辅助育种技术、基因组编辑和聚合分子育种技术、定向诱变和染色体组操作育种技术等林木育种共性和关键技术体系；构建科学而系统的高轮次育种策略以及高效育种群体；突破难以无性繁殖林木良种根系发生与调控技术、体细胞胚胎发生及高效繁殖技术、林木促进开花结实以及种子园营建和管理技术等，推进我国重要速生用材树种、珍贵树种、经济林树种以及生态防护和绿化树种良种选育进程，育成高产优质高抗林木良种，为国家林业发展和生态环境建设提供有效良种支撑（图 2-1、图 2-2）。

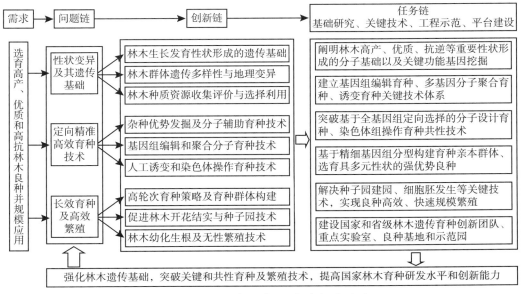

图 2-1 林木遗传育种学科发展路线

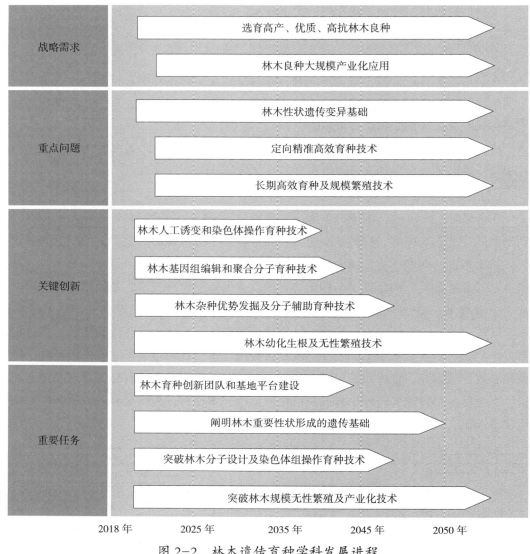

图 2-2　林木遗传育种学科发展进程

参考文献

［1］国家林业局. 林业发展"十三五"规划，2016，5.

［2］科技部，国家林业局. 主要林木育种科技创新规划（2016—2025 年）2016，8.

［3］贾敬敦，王军辉，蒋丹平，等. 中国林果花草种业科技创新发展报告［M］. 北京：中国农业科学技术出版社，2015.

［4］中国林学会. 2016—2017 林业科学学科发展报告［M］. 北京：中国科学技术出版社，2018.

［5］张守攻，齐力旺，李来庚，等. 中国林木良种培育的遗传基础研究概览［J］. 中国基础科学，2016，18（2）：61-66.

［6］沈熙环. 种子园"矮化"是良种基地经营方向——考察广东等省（区）种子园的体会［J］. 林业科技通讯，2017（11）：91-92.

［7］沈熙环. 建设我国林木良种基地的思考与建议［J］. 林业经济，2010，7：47-51.

［8］王章荣. 林木高世代育种原理及其在我国的应用［J］. 林业科技开发，2012，26（1）：1-5.

［9］刘红，施季森. 我国林木良种发展战略［J］. 南京林业大学学报（自然科学版），2012，36（3）：1-4.

［10］杨传平. 白桦遗传改良研究进展［A］. 中国遗传学会. 遗传多样性：前沿与挑战——中国的遗传学研究（2013—2015）——2015 中国遗传学会大会论文摘要汇编［C］. 中国遗传学会，2015：1.

［11］陆叶，龙晓飞，王鹏凯，等. 基于 RAD-seq 技术的鹅掌楸基因组 SNP 标记开发［J］. 南京林业大学学报（自然科学版）：2019，4：1-7.

［12］卢孟柱. 东北林木种质资源保护的几点思考［J］. 温带林业研究，2018，1（3）：1-4.

［13］苏晓华，刘琦，宁坤，等. 植物功能基因网络及其应用［J］. 林业科学研究，2018，31（1）：94-104.

［14］袁虎威，王晓飞，杜清平，等. 基于 BWB 的油松初级种子园混合子代优树选择与配置设计［J］. 北京林业大学学报，2017，39（11）：28-34.

［15］季孔庶，王潘潘，王金铃，等. 松科树种的离体培养研究进展［J］. 南京林业大学学报（自然科学版），2015，39（1）：142-148.

［16］McKeand S. The Success of Tree Breeding in the Southern US. BioResources，2015，10（1）：1-2.

［17］Barabaschi D，Tondelli A，Desiderio F，et al. Next generation breeding. Plant Science，2016，242：3-13.

［18］Isik F. Genomic selection in forest tree breeding：the concept and an outlook to the future. New Forests，2014，45：379-401.

撰 稿 人

杨传平　施季森　苏晓华　陈晓阳　卢孟柱　康向阳　刘桂丰　李　悦　黄少伟

季孔庶　王军辉　尹佟明　张德强　张平冬　丁昌俊　赵曦阳

第三章　森林培育

　　森林培育学科是研究森林培育理论及技术的学科，森林培育是按既定培育目标和客观自然规律所进行的森林综合培育活动，包括林木种子生产、苗木培育、森林营造及抚育、主伐更新等活动。目前我国森林培育的关键理论与技术主要有林木种苗、人工林与天然林培育理论与技术及复合农林业等方面。森林培育正在朝着维持和发挥森林多功能目标实现而转变，并将不断与云计算、大数据及虚拟现实等高新技术结合。

　　我国森林培育学科中短期内应发展的重点领域包括：重点地区人工促进生态保护与修复、国家储备林高效标准化培育、特种工业和生物质能源原料林高效多功能培育及天然次生林及灌木林正向演替促进。中长期发展任务主要为：打造物种、空间、时间、营养结构高效利用的复合农林系统，进行理论创新和技术突破并提升我国林业科学研究水平和影响力；通过持续强化经营保护并优化生产力布局，稳固国土生态安全屏障；通过充分发挥学科优势和作用，拓宽林业发展的外部空间和环境，为我国林业科技发展、生态安全与生态文明建设和全球化外交战略作出更大贡献。

一、引言

　　森林培育学科的研究范畴涉及培育全过程的理论和技术问题，其中理论问题重点包括森林立地和树种选择、森林结构及其培育、森林生长发育及其调控等，技术问题包括林木种子生产、苗木培育、森林营造、森林抚育及改造、森林主伐更新等。

　　1. 林木种苗培育理论与技术

　　包括种子生态学和生态学特性、种子天然更新与生境的关系、种子质量评价方法、人工种子制备技术；苗木质量评价与目标苗木构建技术、苗木应对气候变化与环境扰动的适应策略、不同区域大规格苗木高效培育技术。

　　2. 人工林培育理论与技术

　　我国人工林面积 6 933 万公顷，继续保持世界第一。人工林培育主要围绕人工栽培、地力衰退维持、林分构建、定向培育四个方向开展理论与技术研究。

3. 天然林培育理论与技术

林分和单木胸径、树高、树冠等生长模型的建模和预测，林分结构精准解析和林分结构优化，种间和种内关系及其形成机制，天然林抚育与森林生产力和质量提升，退化天然林经营与地力维持，天然林经营与生物多样性等生态服务功能。

4. 复合农林业

复合系统中物种间的根系竞争过程与特征、复合系统结构的高效空间和时间配置模式与技术、复合系统结构对小气候的调节规律、农林复合系统中土壤水养运移过程的数值模拟等方面。

二、国内外发展现状的分析评估

（一）国内外现状

1. 林木种苗培育

施肥理论与技术仍是国际上苗木培育研究中最为活跃的领域。加拿大、美国等学者以北美红栎、白栎、黑云杉、白云杉等树种为对象，广泛开展以秋季施肥为特征的稳态营养加载理论与技术研究，即利用养分内循环理论，从养分贮存与再利用角度建立苗圃阶段施肥量与翌年生长之间的数量关系。近年来，西班牙学者结合地中海地区季节性方面实践，系统总结了营养加载研究进展，让人们对营养加载技术和困难立地间的关系有了更充分的理解。过于寒冷的气候制约了北欧、加拿大等高纬度国家和地区春季造林，短日照苗木调控技术与夏季造林研究成为这个区域的研究重点。体细胞胚发生是一种高效的苗木培育技术，在国外也得到长足发展，在针叶树种和阔叶树种上处于领先地位。

我国在苗木稳态营养加载理论与技术方面的研究正在深化。在栎属、松属等主要树种苗木上开展了生长期指数施肥技术、硬化期秋季施肥技术研究，并将两者结合起来，分析生长期施肥和硬化期秋季施肥叠加效应对养分加载效果和苗木质量的影响。我国中、高纬度春季干旱使得造林时间向多雨的夏季转移，目前已经在短日照（开始时间、持续长度、强度）结合适度水分胁迫等育苗技术体系中取得较大进展。近年来，我国体细胞胚研究发展较快，已在鹅掌楸、云杉、楸树、花楸、水曲柳、油松等树种上取得成功。我国苗木培育理论与技术研究正在逐渐与国际先进靠拢。

2. 用材林培育

（1）用材林培育技术决策系统

用材林培育受多方面因素影响，技术日趋复杂，采用森林培育决策支持系统已成发展趋势。目前，全球已开发出约 100 种森林培育计算机决策支持系统（Decision Support Systems，DSS），如森林植被模拟系统（Forest Vegetation Simulator，FVS）、生态系经营决策支援系统（Ecosystem management decision support system，EMDS）、信息组织报告和管理系统（Information organization reporting and management system，INFORMS）、可循环使用智能包系统（Reusable Smart Packets system，RSPS）等。各国利用 DSS，针对不同时间、空间（林分、区域、国家）、决策制定（单一或多个决策者）和经营目标（木材收获、森林游憩、生物多样性保护等）等多尺度进行培育技术制度决策。

与国外相比，我国用材林培育技术决策系统研究尚处起步阶段。北京林业大学从美国林务局引进 FVS 系统，将研究建立的油松、侧柏、长白落叶松、华北落叶松、栓皮栎等树种立地指数表和关键模型嵌入原系统，使其成功用于用材林经营决策中。南京林业大学针对南方型杨树人工林，利用不同立地、不同品种多年的样地监测数据，研建林分生长模型，开发出"南方型杨树人工林计算机经营模拟系统软件（STPPCMSS）"，为我国南方型杨树培育技术决策提供了重要平台。

（2）用材林集约培育技术及标准化

为满足木材需求，许多国家和地区采用标准化集约培育技术措施促进林木生长，提高林分生产力。截至 2015 年，全球约 7% 的森林（2.9 亿公顷）采取了集约经营措施，其木材产量约占全球木材总产量的一半。目前，集约培育技术措施主要包括精细整地、良种壮苗栽植、竞争植被控制、林分密度调控、水肥管理以及轮伐期调节等。然而，由于栽培区立地条件存在较大差异，也需针对树种或品种（无性系）特性，分区域构建配套集约培育技术体系。新西兰用约占国土面积 7% 的土地发展辐射松等用材林，不仅满足了国内木材需求，还大量出口。其辐射松用材林约 170 万公顷，占人工林面积的 90% 以上，形成高世代种子园产种、有性与无性结合标准化育苗、造林初期精细除草（灌）、幼龄林强度抚育（前 10 年 2 次间伐 +3 次修枝，密度由 1 000 株 / hm^2 下降为 350 株 / hm^2，获得 6 米无节良材）等为特征的标准化集约培育技术。实现辐射松用材林 27—30 年轮伐，公顷蓄积 450—600 m^3 的产量，最高可达 800 m^3。澳大利亚、南非、哥斯达黎加等林业发达国家，针对轮伐期为25—30 年的商业用材林（桉树、辐射松、柚木等），也采取早期强度密度调控来提高林地生产力。巴西采取集约技术培育桉树人工用材林，生产力达到 45 m^3/ hm^2.a 以上。美国在火炬松人工用材林上的研究表明，良种与良法在生产力提高上的贡献比为 4：6，造林地整地、苗木栽植、密度控制调控、养分管理等技术在火炬松人工林轮伐期由 50 年下降为 18 年、林地蓄积量从 100 m^3/hm^2 提高到 500 m^3/hm^2 中发挥了 60% 的作用。

目前，我国杉木、杨树、马尾松、桉树、落叶松等用材林集约化程度有提高，但是针对同一树种或品种，缺乏其在不同区域的标准化集约培育技术体系。现有主要用材树种集约培育技术多尺度拓展性不够，限制其应用范围和推广。单向集约经营措施的理论和技术较为成熟，但技术缺乏优化集成。抚育间伐依旧采取"保守型策略"，而对幼林强度抚育的探索还较少。

（3）定向与多目标培育

定向培育仍是世界范围内用材林培育的主要方向，国外对材种要求越来越高，配套的定向培育技术也越来越细致，目前定向培育材种包括纸浆材、建筑材、胶合板材、薪材、矿柱材等。然而，受全球气候变化、生态环境恶化、居民生活水平提高等因素的影响，森林的固碳增汇、风景游憩、水源涵养、土壤修复、生物多样性保护、动物栖息地保护等生态和社会功能提高，多目标森林培育已经被许多国家所重视。以德国、奥地利为代表的欧洲国家采用近自然森林培育理论与技术，形成了综合发挥森林木材生产、生态保护、森林游憩等多功能的森林培育技术体系。该技术体系的核心是目标树作业和择伐体系，既有较短周期的针叶材产出，同时也有长周期高价值的橡树、山毛榉等阔叶材产出。

在多目标森林培育理论和技术研究方面，我国目前处于跟跑阶段。近年来，在纸浆材、胶合板材等材种上取得长足进展，在大径材和珍贵用材上也在积极发展。我国不同地区已初步研究形成多个用材树种定向培育技术体系，部分居国际领先地位，如桉树纸浆材定向培育技术，杨树胶合板材和纸浆材定向培育技术，杉木、落叶松、马尾松大径材定向培育技术等。我国对用材林定向培育理论与技术研究的科研经费投入也逐渐提高。

3. 困难立地植被恢复技术

困难立地的植被恢复是当今森林培育学和生态学研究热点之一。国外有关研究主要集中于两方面。一是对采矿废弃地采用综合措施开展土地重塑、土壤重构、适生植物选择、植被重建。美国和英国等对煤矿区综合治理工作重点集中在露天矿和矸石山的复垦上，用植树和种草或作为湿地加以生态恢复。这些国家注重清洁采矿工艺与矿山生产的生态保护研究，采矿时已经注重岩土分类堆放与腐殖土保护，并且对矿区复垦有专项资金支持。二是研究放牧或其他人为干扰造成草原生态系统退化的原因，并对草原生态系统进行恢复重建，如美国高山草原恢复研究、澳大利亚的西部草原生态恢复等。

困难立地植被恢复也是我国森林培育的主要任务之一，我国在黄土高原丘陵沟壑区、石质山地、盐碱地、石漠化地区、沙荒地区、采矿区、道路边坡等的植被恢复方面取得了举世瞩目的成果，在国际相关领域处于领跑地位。水分和养分常是制约我国困难立地植被恢复、改善生态环境的最主要限制因子，因此我国创新了多项可解决林地中水分供应的抗旱造林技术措施，取得了很好的效果。其中集水整地、节水灌溉（小管出流、控水袋等）、覆盖保墒、压砂保墒、抗旱新材料（固体水、保水剂、吸水剂等）应用、苗木全封闭、容器育苗、菌根苗应用、飞机播种等造林技术成效斐然。造林中苗木保护也创新了套袋、蜡封、冷藏等造林技术，还将许多促生抑蒸化学药剂（苹果酸、柠檬酸、叶面抑蒸保温剂）、ABT 生根粉、根宝等制剂应用于抗旱节水造林中，并取得了良好的效果。除了上述节水抗旱造林技术外，抗旱剂、种子复合包衣剂、土壤结构改良剂、土面保墒剂、旱地龙等也大量应用于防旱抗旱植被恢复，取得巨大生态效益。

4. 森林多功能培育理论

创新森林培育理论来维持森林生态系统健康、保持林地持续生产力和生态功能高效发挥、维持森林休闲游憩和景观等的多功能已成为迫切需要解决的问题。在此背景下，国际上以减少对环境影响为指导思想，提出了以森林可持续经营为基础的一系列森林多功能培育创新理论，并逐渐成为指导森林培育发展的基础。

美国提出森林生态系统经营理论，强调把森林建设为多样的、健康的、有生产力的和可持续的生态系统，以产生期望的资源价值、产品、服务和状况。德国提出的"近自然林业"森林多功能培育理论，主张按照完整的森林发育演替过程来计划和设计各项经营活动，优化森林的结构和功能，永续利用与森林相关的各种自然力，不断优化森林经营过程，从而使受到人为干扰的森林逐步恢复到自然状态，实现森林的多功能利用。其技术路径是基于林木分类的目标树培育作业体系，其目标是通过择伐形成复层异龄混交恒续林。这一理论逐渐被美国、瑞典、奥地利、日本等许多国家接受推行。20 世纪 80—90 年代，美国为尽快制止生态恶化，提出了森林健康经营理论，该理论最初主要针对森林病、虫、火等灾害的防治，后逐渐上升到森林健康高度，森林健康的实质是使森林具有较好的自我调节并保持其系统稳定性的能力，从而充分持续发挥森林的经济、生态和社会效益。

随着我国林业由木材生产为主向生态建设与保护、休闲游憩等多功能经营方向的转变，森林多功能培育等理论成为目前乃至今后影响我国森林培育发展的理论基础。森林近自然培育已在我国海南岛、北京、广西凭祥、甘肃小陇山等地开展积极实践，森林健康经营技术也已在北京、河北、四川等 9 个省市开展了实践。《全国森林经营规划》（2016—2050）在公益林和商品林经营基础上，明确提出了兼用林抚育经营就是多功能森林培育的具体体现。但我国目前还未形成成熟的森林多功能培育完整技术体系，国外的技术体系并不适合我国森林（特别是大面积人工林）特点，探索中国特色森林多功能培育理论与技术体系需要加强。

（二）研究前沿、热点

林木种苗方面，主要包括人工种子制备的理论基础与瓶颈技术，环境变化驱动种子繁殖与更新策略，种子扩散与动物取食的协同进化，苗木应对季节性干旱扰动的对策，特色观赏树种资源开发与高效培育。

人工林培育方面，主要包括人工林根系生理生态、栽培生理、地力维持与调控、林分结构构建与调控、树种间和种内相互作用机制、定向培育理论与技术等。近年来，人工林系统中的物质传输过程、机理与调控，林分结构调控及其精准量化评价，新材料与新技术在造林整地中的应用，困难立地和污染立地的改良机制，大规格苗木造林促生保活机制，林分抚育决策综合支持技术与系统开发，林分生长过程模拟及其可视化，不同材种林分的综合集约经营技术模式的集成与构建等逐渐成为研究热点。

天然林培育方面，主要包括天然林抚育与森林生产力和质量提升、退化天然林改造与地力维持、次生林人工促进正向演替、天然林经营与固碳增汇、天然林多功能性培育、森林培育与生态水文效益、气候变化下的天然林抚育经营、系统理论思维下的天然林培育等。

森林植被恢复与保持方面，主要包括废弃矿山用地和严重污染立地（重金属、持久性有机污染物等）等困难立地的解析、利用多途径（物理、化学、生物）对困难立地条件的改良机理与技术，以及困难立地条件下森林植被恢复和修复模式与技术、森林植被修复与恢复过程中涉及的地力改良、林木生长、种间种内关系、物质循环、能量流动、生物多样性等生态服务功能的变化、系统理论思维下的森林植物修复与恢复、森林植被保持与维持机理、气候变化对森林植被的影响及其机理、恒续林抚育经营理论与技术等内容。

复合农林业方面，主要包括复合农林系统中物种间的地下资源竞争与吸收特征、种间地下与地上部分生态位分化特征与调控、基于深土层资源高效利用的复合系统构建模式与技术、复合系统小气候的时空变异规律及其与植被生长间的互作关系、复合系统的多功能形成机制及价值评估等。

三、国际未来发展方向的预测与展望

（一）未来发展方向

森林培育的技术需求与培育目标密切相关，木材生产仍是森林培育的主要目标，但随着人类对森林的缓减气候变化、生物多样性保护、森林游憩、可再生能源供应等多功能需求逐渐提升的背景下，森林培育正在朝着维持和发挥森林多功能目标实现而转变。这也促进了森林培育与其他学科的渗透与交叉。森林生长的长周期性和复杂性，加上当前人类对森林多功能的需求不断提升，对森林培育未来发展提出了新的挑战。随着全球化进程不断推进，社会发展及科技进步，先进森林培育理论技术将不断与云计算、大数据及虚拟现实等高新技术结合，成为一项以森林多功能发挥为终极目标，同时协同各培育环节多效益发挥的系统工程。

（二）重点技术

不同气候区、不同国家对森林多功能的要求各有侧重，这也决定了森林培育的复杂性。森林培育理论与技术未来发展方向包括如下内容。

1. 林木种苗培育理论与技术

侧重养分内循环机制、日照时间与苗木生长影响机制、体细胞胚发生机理，重点关注基于以上机制的高效施肥技术等。

2. 人工林培育理论与技术

遗传控制、立地控制、植被控制、地力控制、结构控制等"五大控制"理论与技术研究。

3. 天然林培育理论与技术

同类型天然林中动植物对干扰的响应机制和适应策略、生物多样性保护空间格局、关键生态学过程及其与生态系统功能的关系、生态系统服务权衡机制和评估方法等基础理论。研究天然林保育与适应性经营技术，不同立地条件下天然次生林适应性和功能性结构调整、提质增效技术，加强脆弱和困难立地条件下退化天然林的恢复与重建技术，构建基于生态系统综合管理的退化天然林恢复与可持续经营模式，开发天然林高效恢复新材料和新工艺。

4. 次生林恢复与重建理论与技术

重点研究退化生态系统、正向演替促进、困难立地改良、生境恢复、树种与结构优化配置等理论与技术。

5. 森林多功能培育及应对气候变化机制与技术

围绕森林多功能、多目标发挥，研究气候变化条件下全生命周期森林生长发育变化机制，基于此研究各生长发育阶段高效培育技术。

6. 森林植被恢复与保持理论与技术

研究多途径（物理、化学、生物）对困难立地条件的改良机理与技术，困难立地条件下森林植被恢复和修复模式与技术，系统理论思维下的森林植被修复与恢复技术，森林稳定性、恢复力、功能维持等技术。森林植被恢复与保持技术将发展基于破坏地区形成机制的多途径恢复技术。

7. 复合农林经营理论与技术

重点研究农林复合系统结构与功能动态协同变化机制，研究符合系统动态模拟与预测调控技术、区域性高效复合农林业景观配置与结构优化技术、资源节约高效可持续型农林复合系统配置技术、复合农林业系统种间调控及可持续经营管理技术。

此外，森林培育还将与高新技术紧密结合，依托全球大数据建立能够实现各类型森林培育的动态模拟及预测模拟系统，森林培育虚拟现实仿真系统。

四、国内发展的分析与规划路线图

（一）需求

在国家层面上，森林培育学科需积极响应党中央提出的生态文明和美丽中国建设发展战略，按照绿水青山就是金山银山、"四个着力"的指示，以维护森林生态安全为主攻方向，以增绿增质增效为基本要求，深化改革创新，加强资源保护，加快国土绿化，增进绿色惠民，强化基础保障，加快推进林业现代化建设。努力解决当前乃至今后相当长的一段时间内我国生态环境仍需改善，木材、能源、粮食等资源仍存在安全隐患，人民急需进入森林健康身心和休闲游憩等的问题和需求，努力在森林质量精准提升、困难立地植被恢复、城市森林培育、多功能森林培育等方面取得理论与技术突破，使我国森林培育学科和森林培育事业实现创新引领，在国家社会经济可持续发展中发挥更大的作用。林业行业对森林培育学科的具体需求包括以下内容。

1. 建设生态文明，保障生态安全

生态保护与修复技术瓶颈突破至关重要，要始终坚持把改善生态作为林业发展的根本方向。经过几十年不懈努力，我国生态建设取得了举世瞩目的成就，但总体来看，我国仍是一个缺林少绿、生态脆弱的国家，森林覆盖率仅有 21.66%，低于全球31% 的平均水平。我国林业生态建设已进入攻坚克难阶段，加快生态建设的步伐，提升生态建设的质量，关键是依靠科技创新。我国人工林生产力水平还很低，应对全球气候变化的能力还有待进一步提升；我国还有很大面积的沙地、石质山地、石漠化地区、废弃矿山、盐碱地等急需生态修复；我国不少土地存在土壤污染问题，需要通过建设森林植被加以修复。因此，必须进一步加强科技创新与技术集成，突破人工林构建的技术瓶颈，使我国的森林覆盖率提高到 23.04%。

2. 提升森林质量，保障木材安全

迫切需要创新森林资源高效培育技术。我国已连续实现森林面积、蓄积双增长，人工林面积稳居世界第一。但总体来看，森林资源总量不足、质量不高、分布不均的状况仍未得到根本改变。我国人均森林面积仅为世界人均水平的 1/4，人均森林蓄积只有世界人均水平的 1/7，每公顷森林蓄积量仅为世界平均水平的 78%。目前，我国木材对外依存度已经超过 50%，随着天然林商业性采伐的全面停止，木材供需矛盾将更加突出。因此，必须加强速生丰产林、珍贵用材林定向培育与高效利用等关键技术创新和推广应用，构建高水平、标准化的森林资源培育技术体系，促进森林质量精准提升，加快国家储备林建设，使我国单位面积森林蓄积量增加至 95 立方米 / 公顷，森林总蓄积量增加 14 亿立方米。

3. 全面建成小康，实现共享发展

迫切需要加快扶贫富民实用技术集成转化，有力提升林业民生保障能力。我国山区占国土面积的69%，山区人口占全国的56%，山区发展仍然是全面建成小康社会的"短板"。大力发展定向与多功能人工林的结合，是促进贫困地区农民增收的重要途径。实施精准扶贫，促进林农增收致富，推动生态与产业协调发展，大力开展森林资源高效培育、生态产业建设等实用技术的研发力度，构建高效多联产业链，强化科技成果推广与应用，推动科学化、标准化和规模化经营，使我国林业产业总产值达到8.7亿万元。

4. 系统深入揭示不同类型森林的生产力形成机制与环境影响机制

构建一批针对不同立地、不同树种、不同材种林分的分类经营和管理技术体系。按照因地制宜、分类施策、造管并举、量质并重的森林可持续经营原则，加快培育多目标多功能的健康、高产、高质、高效森林。

（二）中短期（2018—2035年）

1. 目标

2018—2025年，围绕我国生态安全、资源安全、能源安全等重大战略需求，以重点区域人工促进生态保护与修复、国家储备林建设、特种工业和生物质能源原料林培育、天然次生林及灌木林正向演替促进等为重点领域，阐明林地光－水－养资源对林地生产力和多种功能的影响、林分碳－水－氮耦合机制与协同效应、立地与优良树木品种互作、林分更新与演替、森林的多功能耦合等机制，突破森林培育各领域的核心关键技术并形成技术体系，为我国森林覆盖率超过23.04%，人工林每公顷年蓄积生长量提高25%，天然林每公顷年蓄积生长量提高10%，木材进口依存度降低到45%提供坚实科技支撑。

2026—2035年，围绕我国生态安全、资源安全、能源安全等重大战略需求，以重点区域人工促进生态保护与修复、国家储备林建设、特种工业和生物质能源原料林培育、天然次生林及灌木林正向演替促进等为重点领域，系统、全面明确我国不同地区森林生产力形成的关键限制因子及机制，摸清不同类型森林光能产物向目标产物的转化机制与分配规律，阐明不同培育措施对森林生产力的调控方向和机理。在此基础上精化、细化现有森林培育的立地调控、结构调控、环境资源调控等技术体系，实现人工林培育理论与技术高水平领跑国际。为国土生态安全骨架基本形成，生态服务功能和生态承载力明显提升，生态状况根本好转，美丽中国目标基本实现提供坚实科技支撑，从根本上基本解决我国木材供需矛盾，保障我国生态安全、木材安全和能源安全。

2. 主要任务

（1）重点地区人工促进生态保护和修复

针对我国开展国土绿化行动和生态保护与修复的重大需求，发挥我国人工林培育技术的突出优势，突破人工林在应对全球气候变化、抗逆响应与生态阈值、多种功能耦合发挥等方面的理论机制，创新重点沙地、石质山地、石漠化地区、废弃矿山、盐碱地区等困难立地生态修复，污染土壤人工植被修复，宜居城市及村镇森林构建，中幼龄人工林高效抚育，人工林固碳增汇促进，人工林功能耦合促进等关键理论与技术，形成多目标、多功能的人工促进生态保护和修复技术体系。

（2）国家储备林高效标准化培育

针对国家储备林建设的重大战略需求，以各大区域主要储备林树种及林分类型为研究对象，突破国家储备林生产力及目标材种质量形成的光－热－气－水－养综合调控机制、全生命周期合理林分结构作用规律，创新良种与立地适配，良种苗木定向规模化繁育，林地水养精准、经济及高效调控，全生命周期林分密度与树种组成调控，林分目标材种及特异木材质量定向调控，林分生物多样性、生态稳定性和安全性维持，基于大数据和人工智能的培育技术精准决策，与现代化营林装备适应和匹配，固碳增汇、休闲游憩等生态和社会复合功能促进等关键理论与技术，并形成各大区域国家储备林标准化培育技术体系。

（3）特种工业和生物质能源原料林高效多功能培育

针对特种工业和生物质能源等原料可持续供应的重大需求，以主要树种为研究对象，突破主要制约原料林树种目标性状生产的环境及营林因素耦合机制、目标性状产量与质量形成的生理生化机制，创新适生区区划及良种适配、良种苗木高质定向繁育、立地水养精准和高效调控、高光效丰产林分结构配置、丰产树体管理和花果调控、多联产业链原料高效生产、全生命周期可持续生产促进等关键理论与技术研究，系统构建多功能优质丰产高效培育技术体系，为我国特种工业资源安全和能源安全提供有力保障。

（4）天然次生林及灌木林正向演替促进

以我国各地处于演替初期的天然次生林及部分非顶级群落灌木林为研究对象，突破主要天然次生林和灌木林生态系统形成原因及正向演替过程机制、影响林分天然更新和引入树种生长的核心要素、各演替阶段的优化林分结构特征等，创新促进天然更新的密度调控及抚育间伐、顶级群落树种引进及合理林分结构形成、次生林和灌木林正向演替序列促进、各演替阶段林分的稳定性及功能监测等关键技术，形成不同区域和不同类型天然次生林及灌木林正向演替促进技术体系，以逐步实现形成地带性顶级森林群落类型为目标，促进我国天然林的高质量可持续发展。

国内森林培育领域在中短期内所要解决的关键理论和技术主要包括以下几个方面：①人工林的定向培育和多功能培育技术结合。定向培育包括纸浆材、建筑材、能源材、胶合板材等不同材种的高效培育，而多功能培育包括大径材生产、水土保育、固碳增汇、污染土壤修复、风景游憩、生物多样性保护等的融合。②深入解析人工林生产力形成的机制。在林木群体光合生产力形成机制及对环境的响应、全生命周期的合理林分密度和树种结构的作用规律、人工林地力可持续维持机理等方面取得突破。③阐明人工林碳氮水耦合过程与机制。摸清不同类型人工林碳捕获、分配与积累过程，水分吸收传输过程与机制，氮吸收、转化与利用机制，明确林分碳氮水的互作效应与机理，在此基础上实现三元素吸收与利用的最佳耦合。④人工林高度集约化与标准化培育技术。在单项培育技术日趋完善的基础上，面对更加困难的立地和更加多样化的目标，良种与立地适配、立地水养调控、森林结构调控等技术将向集约化、标准化方向发展。⑤人工林培育技术的精准化、自动化和智能化实现。受限于人力、物力等因素，单纯依靠人工并根据传统经验进行大尺度的用材林集约经营已不现实，必须研发通过自动化实施的培育技术以及培育技术的智能化决策。⑥人工促进天然林正向演替促进机制与技术。在揭示天然林稳定性、生产力和功能高效等形成机制，次生林向顶级群落演替规律的基础上，促进我国天然林的质量全面提升。

3. 实现路径

（1）面临的关键问题与难点

我国的林业生态功能和产业功能融合度不够，特别是人工林功能较为单一，多功能人工林或复合功能人工林构建的科技支撑不够，远不能满足国家重大需求。多功能和复合功能人工林结构形成和过程机制不清，多功能和复合功能人工林构建的技术有待重点研发等。

与林业发达国家相比，我国森林培育领域尚处于"总体并跑、部分跟跑、局部领跑"阶段，缺乏原始创新研究，过度关注培育技术本身的研究，但是对于决定培育技术形成的树木栽培生理生态、森林水文、土壤物理等方面的基础理论研究关注较少、投入不足，而且现有的研究思路与模式陈旧，缺乏与国际前沿研究思想的接轨。这无疑限制了我们森林培育领域各类别技术体系的进一步细化与优化，而且也不能使各类技术的生产促进潜力最大化。

整体而言，我国森林培育领域在林分尺度上开展的培育理论与技术研究极度匮乏，资源投入在短平快的种苗研究领域比例大，出现了苗木培育与林分培育间的不平衡。创制出的多种优良品种缺乏大田长期培育理论与技术模式，出现了"良种丰富、良法欠缺"的局面。

此外，在短时间内如何系统、全面、快速、高效解决我国森林培育所急需的多项关键理论与技术问题，以及解决模式和方法体系的构建与示范，是该领域中短期内面临的最大难点。我国幅员辽阔、立地类型复杂、气候多变、树种多样，这使得森林培育各领域中关键培育理论与技术的突破变得极为困难。

（2）解决策略

①以我国为主体，建立全球人工林培育理论与技术研究网络，依托大数据，借助大尺度研究手段，结合中小尺度研究方法，协同攻克人工林培育中存在的重大基础科学问题。②革新森林培育技术研究思想，重视和加大决定各项培育技术的基础理论研究，实现"基于理论推断技术"和"基于结果验证技术"的融合。③建立森林培育国家级重点实验室和一批省部级实验室，突破森林培育行业中的重大关键技术，并加快科技成果转化。④在全国范围内针对不同树种或不同类型林分，建立人工林培育长期科研试验基地，持续科研资金支持，建立一批持续100年以上的固定培育试验样地，解析人工林密度和结构动态发展过程，揭示人工林生产力形成的机制和潜力。⑤针对人工林培育中的各重大科学问题，分别组建结构调控、立地调控、环境调控、林分物质传输过程与模拟等专项研究团队，摒除学科界限，以解决问题为目标，以原始创新为宗旨，开展系统协同科学攻关，最终打造国际一流的森林培育科研团队，提升我国人工林培育基础科学问题的解决能力。

（三）中长期（2036—2050年）

1. 学科发展目标

以高效培育良种壮苗，突破人工林培育理论和技术瓶颈，构建物种丰富、森林健康的天然林，进一步推进森林植被恢复与保持，打造物种、空间、时间、营养结构高效利用的复合农林系统为目标，不断进行理论创新和技术突破，提升我国林业科学研究水平和影响力；持续强化经营保护，优化生产力布局，稳固国土生态安全屏障，建设美丽中国；充分发挥学科优势和作用，拓宽林业发展的外部空间和环境，为我国林业科技发展、生态安全与生态文明建设和全球化外交战略作出更大贡献。

2. 学科发展主要任务

以种子发育、扩散、制备和种质资源开发，苗木生长与抗性机理，人工林生理生态、林分结构调控与定向培育技术，天然林质量提升、可持续的系统培育，森林植被与困难立地恢复与保持，复合农林体系构建模式与多因素互作机理为学科重点研究领域，发展高效育种育苗、人工林构建抚育与定向培育、天然林质量提升和可持续经营、困难立地生态修复、高效农林复合体系构建等关键技术体系。紧密结合国家战略与人民需求，为国家生态安全和农林业持续稳定发展提供理论与技术支撑。

3. 实现路径

（1）关键问题与难点

我国林业科学学科起步较晚，理论研究和技术水平与林业先进国家还存在一定差距。此外，生态资源稀缺，生态系统退化严重的基本现状，使得林业科学"守住存量、扩大增量"的任务十分艰巨。

①种苗学：新常态下林业生态建设需要高产、低耗、高抗的林木新品种，然而品种供需比例失调、速生用材突破性种质材料较少等问题已成为发展瓶颈。技术层面上，核心种质构建、亲本选配、体胚发生系统建立、主要树种基因组测序及基因改良等核心关键技术尚未突破。②人工林培育：我国3958万公顷宜林地中79%分布在干旱、半干旱、石漠化等困难立地上，立地条件是制约人工林营造的重要因素。全国森林单位面积蓄积量只有全球平均水平的78%，且纯林和过疏、过密林占比较重、人工林功能单一，提高人工林抚育水平，增加人工林生产力以及优化生产力配置仍是困扰我国人工林培育发展的主要问题。③天然林培育：我国天然林保护工作起步较晚，长期以来的非法侵占、过量采伐导致林分质量下降严重，如何通过完善天然林恢复与构建、生态系统经营、生态资源经济化等技术手段实现天然林生态效益、经济效益的充分发挥，成为天然林培育的难点。④森林植被恢复与保持：我国困难立地植被修复技术已处于国际领先地位，盐碱地改良、困难立地水养调控等技术已较为成熟，但仍有大面积的沙地、石质山地、石漠化地区、废弃矿山、盐碱地等急需生态修复。⑤复合农林业：这一概念是国际农林业研究中心（ICRAF）于1982年提出，现阶段该研究领域在物种竞争与合作机理、时间空间高效配置模式、系统中水养运移规律等方面研究基础薄弱。

（2）发展策略

树立创新、协调、绿色、共享的发展理念，进一步稳固改革成果，继续坚持以生态建设为主的林业发展战略，主动适应和推进全球林业学科理论和技术的重大变革，以国际重点学术发展方向和前沿科技成果为引导，积极探索理论创新和技术突破，拓展多学科协同发展空间，充分借鉴计算机科学、统计学、地理信息学、生态学、分子生物学、生物信息学等相关学科的理论与经验，融合、优化各学科先进的研究成果并将其应用于林业科学的研究。积极服务国家重大工程和全球化战略布局，在地区乃至世界发挥引导、带头作用。

以制约现代林业发展的关键问题为重点，利用现代遗传育种技术和信息统计手段，实现苗木培育的优质、高效和苗木供应的精准化。依据我国人工林、天然林基本情况，结合世界先进的培育思想，形成针对性的森林培育理论体系，利用地理信息手段和现代林工技术，进一步探索优质高产的森林培育方案。借助最新生物技术和工程技术，巩固已有植被恢复成果，加快矿山、破损山体、灾毁林地的生态治理与植被恢复，着力扩展生态空间。引入生态学、景观学、植物生理学以及计算机模拟系统的最新研究成果，实现农林复合系统动态模拟设计与预测调控、可持续型农林复合系统配置、农林复合系统景观配置与结构优化等关键技术的突破。

（四）路线图

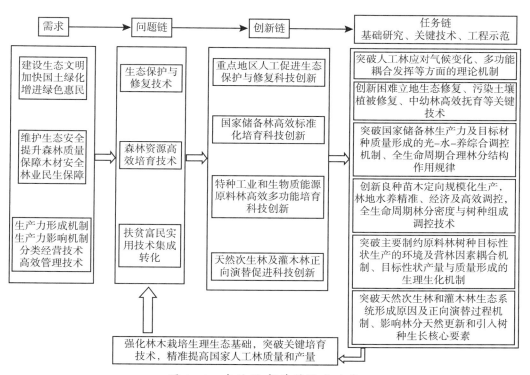

图 3-1 森林培育学科技术路线

参考文献

［1］李文华，赖世登. 中国农林复合经营［M］. 北京：科学出版社，1994.

［2］全国绿化委员会办公室. 中国国土绿化情况公报，2018.

［3］陈蓬. 国外天然林保护概况及我国天然林保护的进展与对策［J］. 北京林业大学学报（社会科学版），2004，3（2）：50-54.

［4］国务院办公厅关于深化种业体制改革提高创新能力的意见. 国办发〔2013〕109号.

［5］科技部，国家林业局. 主要林木育种科技创新规划（2016—2025）.

［6］彭祚登. 沈国舫先生关于天然林保育思想的研究. 北京林业大学学报（社会科学版），2017，16（4）：1-7.

［7］盛伟彤. 中国人工林及其育林体系［M］. 北京：中国林业出版社. 2014.

［8］ 国家林业局，国家发展改革委，科技部等．林业发展十三五规划［Z］．2017.

［9］ West PW．Growing Plantation Forests［M］．Springer．2006.

［10］ Isebrands JG，Richardson J．Poplars and Willows—Trees for Society and the Environment［M］．CABI．2014.

［11］ Demarais S，Verschuyl JP，Roloff GJ，et al．Tamm review：Terrestrial vertebrate biodiversity and intensive forest management in the U.S［J］．Forest Ecology and Management，2017，385，308-330.

［12］ Chen C，Park T，Wang XH，et al．China and India lead in greening of the world through land-use management［J］．Nature Sustainability，2019，2，122-129.

撰 稿 人

贾黎明　贾忠奎　李国雷　段　劼　敖　妍　陈　仲　席本野　张新娜　孙永江

第四章　经济林

经济林学科是我国于 1958 年创立的林学二级学科，已得到国际社会和学术界的普遍认可。由于国内经济林产业的快速稳定发展，特别是在精准扶贫和乡村振兴中发挥的重要作用，经济林学科越来越显示其强大的生命力，已经成为林学一级学科的重要组成部分，成为林业产业的重点发展方向，经济林科学技术在国内外的重视程度也越来越高。

一、引言

经济林是指以生产果品、油料、饮料、调料、工业原料和药材等林产品为主要目的的林种。经济林产品是指除用作木材以外树木的果实、种子、花、叶、皮、根、树脂、树液等直接产品或是经加工制成的油脂、食品、能源、药品、香料、饮料、调料、化工产品等间接产品，也称为非木质林产品。经济林是我国五大林种之一，是经济效益、生态效益和社会效益兼顾最好的林种。经济林产业是我国林业产业中的第一大"万亿产业"，在我国精准扶贫和乡村振兴中发挥着难以替代的重要作用。经济林产业和学科建设是我国发达的林业产业体系、完备的林业生态体系和繁荣的森林文化体系建设的重要内容，是维护国家粮油安全、生态安全、国土安全的重要保障。根据经济林产品的主要化学成分与主要经济用途，经济林资源主要划为八大类：木本食用油料类、木本粮食与果品类、木本药材类、木本调料与香料类、木本饮料类、木本蔬菜类、木本工业原料类和其他经济林资源类。

经济林学科是在总结经济林产业技术和科学试验研究成果，吸收现代生命科学等学科的理论成就和技术成果的基础上，经系统归纳整理形成的林学重要分支学科，是一门综合性强的应用学科。经济林学科由理论科学体系和技术科学体系组成。经济林学科领域覆盖经济林全产业链，设置有经济林资源、经济林育种、经济林栽培、经济林产品加工利用4个学科方向。其科学技术体系应用在经济林的资源开发、遗传改良、良种繁殖、高效栽培、科学经营、产品贮藏加工、综合利用、品牌建设和产品销售等产业环节支撑了经济林科技进步和产业发展。

二、国内外发展现状的分析评估

（一）国内发展现状

1. 经济林树种基础生物学研究现状

进入 21 世纪以来，随着组学技术的快速发展，国内外相继开展了 20 多个经济林树种的核基因组、叶绿体基因组和线粒体组的测序研究，以及蛋白组、转录组、代谢组等相关研究，主要集中在木本油料树种及木本粮食与干果树种。国内核基因组测序包括油桐、枣、山核桃、银杏、杜仲、茶、甜橙、野生柑橘、梨、桑树、猕猴桃、沙棘、橡胶树、麻风树等，国外有核桃、番木瓜、咖啡、可可树、白蜡树、油棕等。通过基因组测序分析，注释了大量的功能基因。在多组学技术分析基础上，研究解析了部分重要经济林树种的进化与起源，重要生物学性状和品质形成机制，适应不同胁迫环境的抗逆分子机制，特别是在木本油脂代谢途径、木本淀粉和糖类代谢途径以及一些特殊保健作用的次生代谢产物方面的研究取得较大进展，从而显著提升了经济林基础研究领域的学术水平，为经济林树种的遗传学和分子育种研究奠定了一定的基础。

多数经济林树种栽培是以收获果实或种子为主要目的，因而揭示各树种的成花机理、果实发育规律和种子成熟机理非常重要。近年来，由于实验研究手段的提升，在细胞和分子水平上广泛开展了主要经济林树种花芽分化、成花机制、授粉坐果、果实发育、种子成熟、孤雌生殖等的研究比较多，取得了相当大的进展，但很多分子机制尚未解决。很多经济林树种属自交不亲和树种，主要有配子体自交不亲和与后期自交不亲和两大类；经济林树种配子体自交不亲和性的机理已经清楚，但后期自交不亲和性（如油茶、茶、可可）的分子机理尚不清楚，有待进一步深入研究。

2. 经济林种质创新研究现状

种质资源是经济林树种遗传改良的最重要基础资源。经过两代人的持续工作，基本摸清了我国主要经济树种的种质资源，建立了油茶、油桐、栗、枣、柿、核桃、银杏、仁用杏、枸杞、乌桕等一些重要经济树种的国家种质资源圃 54 个，国家重点经济林良种基地 40 多处；开展了一批经济林树种的遗传多样性和经济性状评价研究；开展了部分经济林树种的杂交、自交试验，创制了一批新的种质资源；编写了《中国油茶品种志》等一批经济林树种的种质资源专著；这些研究成果为经济林树种的遗传改良及相关基础研究提供了重要支撑。

经济林种质创新仍以传统的选择育种、杂交育种和引种为主，大批种质资源包括新物种、新品种、新株系、新基因被发掘、选育或引进。目前，我国主要经济林树种选育了大批优良无性系及家系（无性系为主），各地通过审（认）定的经济林良种超过 1000 个，其中国审品种 300 多个。

倍性育种、细胞育种、分子育种等新育种技术已开始应用于经济林种质资源的遗传多样性评价和新种质的创制。一是初步开发了一批分子标记，开展了部分经济林树种种质资源评价工作；二是克隆了一大批重要基因，开展了一些重要基因的功能研究；三是建立了部分经济林树种的再生体系，为经济林树种的细胞育种和转基因育种奠定了基础。

3. 经济林优质高效栽培技术研究现状

应用良种苗木造林是经济林优质丰产的基础。近年来，随着科学研究的不断深入，主要经济林树种的繁育技术水平显著提升，实现了无性苗造林，加快了主要经济林树种的良种化进程和优质丰产林的建设。核桃、板栗、柿子等一些单宁物质高含量树种的嫁接技术及扦插技术取得突破，油茶等树种的轻基质容器育苗技术不断完善，并在生产上大面积推广应用，大幅度提高了主要经济林树种的良种繁育能力和良种化水平，有效地提高了造林成活率；菌根化育苗和组培育苗技术也取得一定进展。

经济林优质高产栽培理论和技术不断完善。近年来，开展了主要经济林树种生物学特性、生态习性和主要栽培品种的区域化试验，有效地解决了主要经济林树种适地适树适品种的林地选择问题。开花特性、自交和异交试验以及自交不亲和性机理的解析，初步解决了自交不亲和经济林树种品种优化配置问题。营养诊断和施肥试验探明了主要经济林树种的需肥规律和某些微量营养元素的缺乏对生长发育的影响，初步解决了一些重要经济林树种的雌雄花比例失调和坐果率低的技术难题。林地施肥和水肥一体化已在北方旱区部分经济林树种（如红枣、枸杞等）开展了大面积的试验研究应用，但多数经济林树种还没有全面展开。一些重要经济林树种开展了适宜机械化栽培的整形修剪和省力化树形培育，构建了不同树种、不同品种的合理树体结构（模式），初步解决了主要经济林树种的光能利用、产量提高和品质提升等树体培育技术问题。

保护生态环境和保障食品安全是各级政府部门都非常重视的问题，经济林生态经营模式和经济林产品安全生产模式纳入了一些主要树种的研究，特别是生草栽培模式取得了较好的进展，油茶林地生草栽培有利于提高南方红壤的有机质含量、土壤有益微生物数量和土壤肥力，增加土壤的通透性能，提高了造林成活率，减少了水土流失，而且免去了每年的林地垦覆，降低了生产成本，提高了经济效益，有效推动了经济林产业的"生态化"和优质高效安全生产。在经济林林地施肥、化学农药使用和除草剂使用对经济林产品的安全性方面开展了一些有益研究，还有待进一步深入。在经济林机械化栽培方面，除了林地整理、少数病虫害防治实现了机械化以外，其他栽培作业基本上靠人工完成。随着农村青壮年劳动力的严重缺乏和劳动力成本的提高，经济林栽培作业机械化必须纳入优质高效栽培技术体系中。

4. 经济林产品加工利用与装备技术研究

经济林产品加工利用是经济林研究领域长期的研究重点。由于经济林产品的多样性，其加工工艺和技术也呈现复杂性和多样性。我国在木本粮油、特色干果、森林食品等主要经济林产品的贮藏、品质形成与保持、商品化处理、深加工技术等方面取得了一批研究成果，使经济林产品加工利用形成了较为完善的理论和技术体系。

经济林产品加工利用取得明显进步，在油茶、红枣、仁用杏、核桃、板栗、锥栗等大宗产品原料的特性和加工适应性方面，取得显著社会影响力，如六个核桃、好想你"红枣"、大荔冬枣等；获批一批新资源食品，如杜仲籽油、茶叶籽油、牡丹籽油、美藤果油、盐肤木果油等。产品绿色安全加工方面，解决了油茶、核桃、栗、枣、油桐等品质形成和品质控制、采后工业化处理、质量安全监控、节能高效加工、副产物精深加工等关键技术，质量标准制修订步伐明显加快。

加工剩余物多层次增值利用技术不断进步，如微波辅助乙醇沉淀法制备油茶籽多糖、生物酶解—醇提法从油茶籽粕制备茶皂素等，茶油加工剩余物用于饲料和肥料的复合发酵剂，高纯度茶皂素及油茶多肽等产品。

针对经济林产品采摘困难、成本高等问题，油茶和核桃等果实采摘机械、果实脱壳机械，以及果品采后处理和装备研发，已用于生产。特别是欧美发达国家，在原料、产品规模化贮藏保鲜、高值化加工利用与安全品质提升生产、产品开发，处于世界先进或领先水平，值得学习借鉴。

（二）国内外发展现状比较

1. 经济林树种研究水平

我国原产树种如油茶、油桐、银杏、杜仲、枣、枸杞等树种无论是在种质资源、种质创新、优质丰产栽培等方面的研究和技术水平都处于国际领先或国际先进地位。而国际上广为栽培的经济林树种的种质资源、种质创新、优质丰产栽培等方面研究，我国处于跟跑水平。

2. 经济林树种应用基础研究

我国在经济林树种的基础研究领域总体上处于"跟跑"水平，随着近年来国家经济发展加速，对经济林研究投入的增加，我国近年基础研究的整体研究水平提升加快，有利于赶超国际领先水平。

3. 经济林树种种质创新研究

除少数特有树种外，我国在经济林树种的种质创新领域总体上处于"跟跑"水平，从国外引进的优良品种比较多，我国育成品种的产量、品质与国外品种均存在一定差距，对国内育成品种的特性研究也不充分。

4. 经济林树种优质丰产栽培研究

我国在经济林树种的优质丰产栽培研究领域总体上处于"跟跑"水平，在机械化和智能化栽培管理及果品生产中还存在较大差距，特别是在水肥一体化、机械修剪与病虫防治、机械化采收等方面差距很大，我国栽培过程中的劳动力成本比国外高。

5. 经济林产品加工利用研究

我国在经济林产品加工利用研究领域总体上与国外存在较大的差距，特别是一些高附加值深加工产品，如银杏叶加工产品，由于国内技术水平相对较低，我国经济林产品的品质与国外存在很大差距。

三、国际未来发展方向的预测与展望

（一）未来发展方向

1. 经济林学科应用基础研究领域进入全基因组解析、重要性状的形成机制与调控的新阶段

针对重要经济林树种的产量和品质提升，利用全基因组测序数据解析其分子遗传特性、开花特性与坐果调控机制，通过多组学技术，研究花芽分化、授粉受精及性别分化机制，自交不亲和性机制与调控；研究果实发育特性（含落花落果）及调控，木本油脂、木本淀粉及糖类、木本饮料重要成分的合成代谢途径及调控，染色体倍性形成演化与产量、品质的关系，光合产物运输、分配与调控，果实采后生理及品质形成，解析果实与种子发育特性与产量、品质提升的机制。围绕经济林林地土壤瘠薄、营养供应不稳和生境不协调等科学问题，开展生物固氮特性与机制，营养特性、土壤矿质营养平衡与调控，以及对各种不良环境胁迫的适应机制，解析经济林树种根系生物学特性及根际环境适应机制，为经济林优质高效栽培提供理论依据。

2. 经济林种质创新领域向优质、丰产、高抗、无性化方向发展

重点以经济林高效育种技术体系建立及新品种创制为核心，收集、保存、研究、评价经济林树种的种质资源，开发系列实用分子标记和基因芯片，构建核心种质群体、遗传作图群体和分子遗传图谱，对重要基因定位、克隆和功能研究，完善经济林常规育种体系，构建品种区域化测试技术平台，建立分子标记辅助育种体系、转基因育种体系、细胞工程育种体系和分子标记、基因芯片检测技术体系；研究重要经济性状的变异、遗传控制模式，研究亲本选配、聚合多性状种质创制，培育优质大果、早实丰产及成熟期、株型、果实均匀度等适应于机械化作业的经济林新品种；开展新品种区域化试验，研发新品种标准化和区域化测试体系，形成经济林良种化工程技术与产业基地。

3. 经济林栽培向优质、高效、机械化、轻简化和智能化方向发展

优质安全省力高效栽培是经济林栽培的发展趋势，因此应重点研究优质高效、机械化和轻简化栽培技术体系，特色经济林优质高效栽培技术；特色经济林品种配置、花果管理和树体调控技术；重点区域特色经济林生态工程与生态化综合管理技术；特色经济林营养诊断、精准施肥、节水灌溉和水肥一体化技术，以及综合配套技术；构建特色经济林优质高效栽培技术体系，并进行集成示范与规模化推广应用。

4. 经济林产品加工利用领域向产品多样化与高值化综合利用方向发展

针对经济林种实采后加工、品质评价与综合利用的重大技术需求，以经济林深加工产品增值增效为目标，研究集约化采集和预处理加工技术，种实及加工产品贮藏、流通过程中物化品质变化途径与控制技术，建立快速监测和鉴伪的品质评价技术体系。研究特色经济林产品及加工剩余物综合利用节能型清洁生产控制技术，开发生物转化技术，解决特色经济林油脂、淀粉、蛋白、多酚和多糖等生物活性物高效富集与高附加值产品应用，通过中试实现对其采后加工性能和经济效益的综合评价，构建特色经济林产品的增值加工技术体系，延伸产业链，增加经济林产业附加值，进一步提高经济效益。

（二）重点技术

1. 组学与生物技术

利用组学技术与生物技术，突破经济林树种应用基础研究的理论和技术瓶颈，全面揭示经济林树种的开花结实、重要遗传性状形成、产量与品质形成与调控的分子机制，为经济林树种的遗传改良和优质丰产栽培提供坚实的科学理论依据。

2. 经济林种质创制与筛选技术

在经济林种质资源收集、保存、评价的基础上，以传统育种技术为主，广泛采用现代育种技术和高效性状筛选技术，打破遗传累赘，缩短育种周期，提升育种效率，培育出优质高产高抗并适应机械化作业的经济林新品种。

3. 水肥一体化技术

研究探索不同经济林树种和不同立地条件下的水肥一体化管理技术，实现适时灌溉、合理施肥，全面提升经济林林地管理技术水平，大幅度降低劳动生产成本，提高经济效益。

4. 机械化智能化技术

研制适应南方丘陵山地 / 满足经济林产业发展的各种经济林林地作业机械、采收机械、果实（果品）脱壳加工机械，提高经济林产业从种质到加工利用的机械化程度和智能化水平，大幅度降低野外劳动强度，提升技术水平和经济林产品品质，构建形成特色经济林产业技术体系。

5.　经济林产品深加工技术

研发经济林原料产品采后处理与规模化贮藏（保鲜）技术、经济林产品深加工技术，延长经济林产业链条，开发深加工产品，提升经济林综合高值化利用水平和经济效益。

四、国内发展分析与规划路线图

（一）战略需求

我国是世界第一大经济林生产国，经济林产业已成为我国林业的支柱产业和国民经济的重要门类，据 2018 年统计数据，我国经济林栽培总面积达 4133 万公顷，各类经济林产品年总产 1.81 万吨，经济林种植业和采集业年总产值（第一产值）达 1.45 万亿元，占我国林业第一产业产值的近 60%。经济林产业对于促进扶贫开发与产业富民、促进绿色增长与生态建设、保障粮油安全、促进山区治理与美丽乡村建设等重大战略，均具有十分重要的意义。

经济林产业的迅速发展，使得社会对该学科人才需求和科技需求大为提升。近年来，党和国家从生态文明建设、脱贫攻坚、乡村振兴、维护粮食安全、食用油安全、能源安全、生态安全等战略高度，确立了经济林前所未有的重要地位，赋予经济林"生态富民产业"的新定位，提出"产业发展生态化"的总体思路，经济林成为众多地区发展绿色经济、促进绿色增长、增加农民收入和促进乡村振兴的支柱产业，为经济林学科提供了新的发展机遇，各地对经济林科学知识、先进技术和专业人才的需求强烈，也对经济林科技创新、人才培养和社会服务提出了新的更高的要求，建设新型经济林学科符合国家战略性新型产业发展对科技和人才的实际需要，发展前景十分广阔。

（二）中短期（2018—2035 年）

1.　目标

加强创新平台建设，统筹建立国家、省部级经济林重点实验室和技术创新中心，加快科学研究与产业需求的精准对接，促进自主创新和科技成果转化。加强经济林遗传改良、资源培育、高效栽培、精深加工、综合利用和前沿基础等方面研究，在种质创制与良种化工程、集约高效培育、生态经营模式、自然灾害防控、产品精深加工和资源高值化利用、机械装备技术等方向上整体实力达到国内领先、国际一流水平，全面提升经济林科技水平和对产业的支撑能力。

提升自主创新能力和科技支撑能力，建立经济林产业协同创新中心，设立经济林产业专家岗位体系，推进产业化和规模化经营，打造经济林现代产业体系，建成一批经济林产业示范基地和模式样板；树立经济林生态经营理念，探索经济林生态补偿机制，提高经济林综合效益和可持续经营能力。

以学科平台为载体，聚集优秀科技人才，培养有影响力的高水平创新团队，整体实力达到国际一流水平；加大经济林学科硕士、博士研究生培养力度，培养拔尖创新型和复合应用型人才；加强国际合作交流，创建经济林国际合作平台，建立经济树种组学国际联合实验室，联合申报国际合作项目，联合培养优秀创新人才，举办国际学术会议，创办经济林学科国际学术刊物，促进经济林学科国际化。

2. 主要任务

根据中短期经济林产业发展的需求，构建问题链、创新链和任务链（见图 4-1），针对 4 个问题形成 8 项主要任务。

（1）经济林产量、品质及重要性状遗传基础

重点研究揭示经济林主要树种水肥效应、逆境防御与适应机制等重要遗传性状的分子机制和调控规律；重点研究解决与经济林产量、品质形成的分子机制和调控技术（见图 4-1 的任务链 1 和 2）。

（2）经济林种质创新与良种化工程

重点研究解决经济林优异种质发掘、评价及高效育种技术，生态经济型品种筛选及良种工程化技术。构建核心种质群体、遗传作图群体和遗传图谱，重要基因定位、克隆和功能研究，完善育种体系；种质资源收集、保存与种质创新，杂交育种与分子辅助育种相结合，突破性状定位基础上的品种选育；研究亲本选配、聚合多性状种质创制，培育优质丰产及成熟期、树形、果实均匀度等适于机械化作业的专用品种，以及良种化与种业工程技术与应用（见图 4-1 的任务链 3 和 4）。

（3）特色区域化经济林高效栽培

重点研究解决特色经济林优质高效生产关键技术，经济林机械化、轻简化和智能化高效栽培技术。明确特色经济林产业最佳栽培区或优生区，优化区域布局，构建特色经济林产业技术体系，研究经济林机械化、轻简化和智能化栽培技术与应用（见图 4-1 的任务链 5 和 6）。

（4）经济林产品高值化加工利用

重点研究解决经济林产品采后处理与规模化贮藏加工，以及经济林产品增值加工与综合高值化利用。研究集约化采集和预处理技术，研究经济林加工产品贮藏流通过程中物化品质变化途径与控制技术，建立快速监测和品质评价技术体系。构建区域特色经济林产品的增值加工技术体系，延伸产业链，增加经济林产业附加值，提高经济林产后加工的综合效益（见图 4-1 的任务链 7 和 8）。

3. 实现路径

（1）面临的关键问题与难点

与发达国家及我国的园艺植物相比，我国经济林育种、栽培和加工利用领域处于

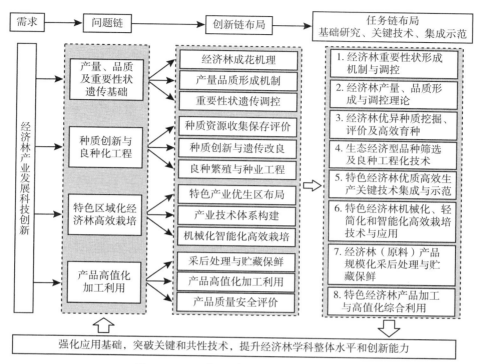

图 4-1　经济林学科发展技术路线

"总体跟跑、局部并跑"阶段，原始创新能力不足、突破性品种与关键技术有限、资金链—创新链—产业链衔接不紧等问题突出，在国际前沿性重大基础理论研究方面还有较大差距，种业、产业核心共性关键技术短板明显，成为制约我国经济林产业发展的技术瓶颈。

（2）解决的策略

我国幅员辽阔，经济林资源丰富，同时地域差异明显，突破应用基础研究瓶颈，是经济林产业发展和技术进步的关键。建立经济林种质资源收集、保存和评价长期试验基地，配备野外观测仪器和试验设备，推进经济林领域国家重点实验室建设，增加经济林省部级重点实验室的投入机制，建立国家、省部级经济林重点实验室层级体系，支撑我国经济林产业发展。

加强人才培养，提升我国经济林学科硕士、博士研究生培养能力和水平。以学科为平台，聚集优秀人才，培养具有影响力的高水平创新团队。

加强创新机制建设，整合经济林科技资源，大力开展协同创新与产学研合作，大幅度提升经济林科技研发、科技服务和产业支撑能力。

（三）中长期（2036—2050 年）

经济林创新平台建设、创新能力建设和人才队伍建设显著提升，全国范围内形成在国际上有影响的 8—10 个创新团队和 15—20 个学科带头人。突破经济林优质高效安全生产，经济林产品规模化采后处理、贮藏保鲜及高值化加工利用的理论瓶颈，并在国际上产生重要影响；形成完善的经济林育种体系，主要经济林树种都建有完善系统的资源评价体系，基本完成核心种质群体、遗传作图群体、遗传图谱和重要基因定位；油茶、核桃、红枣、板栗、柿等优势经济林树种都有培育的特色品种，并形成完整的良种体系；30—50 个重大经济林品种规模化应用，每个品种应用不少于 30

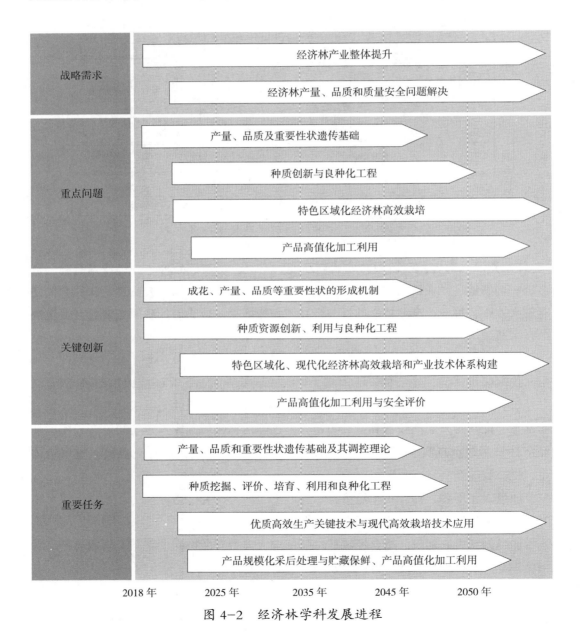

图 4-2 经济林学科发展进程

万亩，形成 30 个以上的区域特色经济林现代化栽培技术体系，机械化、轻简化和智能化程度提高到 50% 以上，特色经济林国际化影响力大幅度提升；形成主要经济林产品的综合加工利用、规模化采后处理与贮藏保鲜的技术体系和关键技术，经济林产品精深加工能力显著提升，占年产量的 60% 以上，加工增值促进经济林产业持续发展。

（四）路线图

围绕经济林前沿基础研究、经济林育种、经济林栽培、经济林产品加工利用，以及学科研究平台、人才队伍建设和产业试验示范基地，按照社会需求、问题链和创新链，形成未来经济林学科的 8 大科技任务，即任务链，构建的学科技术路线图如图 4-1，图 4-2 所示。

参考文献

［1］国家林业局，国家发展改革委，财政部. 全国优势特色经济林发展布局规划（2013—2020 年），2014.

［2］国家发改委，财政部，国家林业局. 全国油茶产业发展规划（2009—2020），2009.

［3］胡芳名，谭晓风，裴东，等. 我国经济林学科进展［J］. 经济林研究，2010，28（1）：1-8.

［4］袁军，谭晓风，袁德义，等. 林下经济与经济林产业的发展［J］. 经济林研究，2015，33（2）：163-166.

［5］徐湘江，薛秋生，李宏秋. 我国经济林产业发展现状与趋势［J］. 中国林副特产，2013，（3）：102-104.

［6］尹蓉，张倩茹，江佰阳. 盐碱地经济林栽培研究及展望［J］. 林业科技通讯，2017，（10）：66-68.

［7］Li J, Sun D, Cheng J. Recent Advances in Nondestructive Analytical Techniques for Determining the Total Soluble Solids in Fruits：A Review［J］. Comprehensive Reviews in Food Science & Food Safety. 2016, 15（5）：897-911.

［8］Leng P, Yuan B, Guo Y. The role of abscisic acid in fruit ripening and responses to abiotic stress ［J］. Journal of experimental botany. 2014, 65（16）：4577.

［9］Leakey RRB, Simons AJ. The domestication and commercialization of indigenous trees in agroforestry for the alleviation of poverty［J］. Agroforestry Systems. 2017, 38（1-3）：57-63.

［10］Montanaro G, Xiloyannis C, Nuzzo V, et al. Orchard management, soil organic carbon and ecosystem services in Mediterranean fruit tree crops［J］. Scientia Horticulturae, 2017, 217：92-101.

［11］Hiroyoshi I, Minamikawa MF, Hiromi KK, et al. Genomics-assisted breeding in fruit trees ［J］. Breeding Science. 2016, 66（1）：100-115.

［12］Forge T, Neilsen G, Neilsen D. Organically acceptable practices to improve replant success of temperate tree-fruit crops［J］. Scientia Horticulturae. 2016, 200：205-214.

［13］Andrew M. Hammermeister. Organic weed management in perennial fruits［J］. Scientia Horticulturae，2016，208：28-42.

［14］Arseneault MH，Cline JA. A review of apple preharvest fruit drop and practices for horticultural management［J］. Scientia Horticulturae. 2016，211：40-52.

撰 稿 人

谭晓风　李新岗　李建安

第五章　森林经理

一、引言

森林经理学是研究如何有效地组织森林可持续经营的应用基础理论、技术及其工艺的一门科学，是林学的龙头学科。它的内容包括通过森林资源调查监测获取森林资源和生态状况，揭示森林的生长、发育和演替规律，预测短期和中期的变化，根据自然的可能和人们的需求，科学地进行森林功能区划，在一个可以预见的时期内（例如一年、一个或几个作业期），制订年度、短期和中长期计划和规划，在时间和空间上组织安排森林的各个分区的各种经营活动（例如更新、抚育、主伐、土壤管理等），以期达到在满足森林资源可持续增长的前提下，最大限度地发挥森林的服务功能和获取物质收获。

森林经营已经成为林业的永恒主题。2017 年 4 月第 71 届联合国大会首次发布的《联合国森林战略规划（2017—2030 年）》，进一步强调了森林可持续经营目标和行动领域。在中国林业由数量增长转向数量和质量并重的新阶段，森林经理学科将焕发新的活力。森林经理学科将通过科技创新，在提高我国森林的质量，增强森林的供给、调节、文化和支持等多种功能，满足社会日益增长的生态产品需求和生态文明建设中发挥重要作用。

通过森林可持续经营管理，培育健康、稳定、高产、可再生、多功能的森林生态系统，为人们提供丰富的产品和服务，已成为人类社会对林业发展的突出需求。研发多功能适应性森林经营技术是现阶段全球林业科技创新的重要内容，其特征主要表现为森林经营基础注重全周期、森林经营目标转向多功能、森林经营模式呈现多样化及森林经营技术强调适应性。

未来将以形成中国特色的森林经营理论与技术体系为目标，围绕森林可持续经营、森林生长与收获模型、林业遥感技术应用及森林资源信息管理等重点方向，开展多功能森林经营技术、混交异龄林生长收获模拟技术、森林资源参数的遥感高效和定量估测技术、大数据智能化森林信息管理和决策技术等关键技术研究，使学科整体处于世界领跑地位。

二、国内外发展现状的分析评估

（一）国内外现状

森林可持续经营成为全球共识。世界各国均在探讨森林的可持续经营，并在概念、原则和实施途径等方面都取得了实质性成果，如多功能森林经营、生态系统经营、近自然经营等，形成了各具特色的森林经营理论与技术体系。国内开展了近自然森林经营、森林健康经营等技术引进和消化工作，建立了多功能森林经营的理论框架，提出了结构化森林经营技术体系和人工林多功能经营体系。国内外在遥感应用于林地覆盖类型/森林类型分类、森林参数定量估测、森林有害生物灾害和森林火灾预警监测等方面都开展了广泛深入的研究，在林地覆盖类型遥感分类、平地森林参数遥感估测方面有了突破性进展，但在卫星遥感森林垂直结构参数高精度定量估测方面还比较欠缺。国内一直跟跑国外前沿林业遥感研究方向，重点在多光谱遥感森林类型分类，激光雷达、合成孔径雷达等主动遥感森林结构参数高精度提取，山地森林参数主被动遥感协同反演等方面都开展了研究；在高分林业应用示范项目支持下，开展了森林、湿地、林业灾害等高分监测关键技术研究，建立了基于高性能计算机和云架构的高分遥感林业应用服务平台，形成了符合我国林情的高分辨率遥感林业调查、监测技术体系。在森林资源信息管理领域，已建立了基于森林资源数据的森林信息管理平台，结合空间信息和优化技术，实现了针对森林经营的辅助决策系统，大数据、物联网、人工智能、虚拟现实等新兴技术正点状式布局森林经营活动，在科学研究和实际应用中都处于快速发展阶段。

与国际先进水平相比，我国森林经理学科还存在森林可持续经营理论与实践亟待深入、全周期和多功能协调经营技术缺乏、森林资源调查和监测的自动化水平低、林分生长模型系统不完整、森林规划决策工具缺乏等问题，尚未形成中国特色的森林经营理论与技术体系，不能有效支撑中国森林可持续经营。

（二）研究前沿、热点

未来随着人类社会发展对森林需求的不断提高，探索维持和发挥森林多种功能的森林经营理论将成为森林经理理论研究的重要任务。天然林立地质量的精准评价和混交异龄林的经营技术是难点与发展趋势；多功能全周期经营规划技术研究将成为一个重要的领域。基于计算机模拟技术及先进统计方法进行森林生长收获预测一直是森林可持续经营规划的基础。

遥感数据定量化、自动化几何和辐散射畸变校正技术，林地覆盖类型及其变化信息深度学习提取技术，森林结构参数的激光雷达、干涉 SAR 和立体摄影测量等精准估测技术，森林植被生化参数的多模式遥感协同反演技术等是研究热点；多尺度高分辨率遥感森林质量信息精准提取是应用研究重点。

随着信息技术的发展和森林资源精细化管理需求的增长，基于海量森林资源信息的数据挖掘技术、基于云端服务的森林资源信息管理技术、实时真实三维虚拟仿真技术及智能化森林经营决策技术等成为研究热点。

三、国际未来发展方向的预测与展望

（一）未来发展方向

森林经营转向以建立健康、稳定、高效的森林生态系统为目标，并且面临全球气候变化的挑战，向多功能适应性经营方向发展。经营基础强调全周期性，混交异龄林经营技术研究将是未来发展方向。

现代遥感技术的快速发展将促进构成多平台、多角度、多模式的立体观测体系，轻小型遥感平台新型遥感数据高效、高质量获取和处理，林业资源类型动态变化信息自动化、智能化提取，林业资源和生态质量参数多模式遥感精准测量、监测等是未来的主要发展方向。

在森林资源信息管理方面，森林资源信息体系化、规范化、标准化管理将成为重点；森林资源信息管理技术将朝向智能化、系统化、可视化等方向稳步发展。

（二）重点技术

在森林经营领域，重点技术包括协调不同经营目标之间的冲突，实现森林供给、服务、支持和调节功能的最大化技术，应对气候变化的适应性森林经营技术，混交异龄林经营技术，智能化森林生长收获预估和规划技术等。

在遥感应用领域，重点技术包括适于林业资源和生态环境监测的低成本、高精度、高时效、移动式、便捷地基数据采集和处理技术，协同应用天 – 空 – 地多平台观测大数据的林业资源和生态环境信息高效、高精度、智能化提取技术，服务于林业资源和生态环境多尺度、多维度、高精度监测评价的 3S 综合集成技术。

在森林资源信息管理方面，重点技术包括海量森林资源数据分析与处理技术，基于物联网、互联网 + 的森林信息获取、传输、共享技术，适应于森林管理决策的人工智能算法，云计算、可视化等在森林经营中的创新应用技术。

四、国内发展的分析与规划路线图

（一）需求

党的十九大报告指出，建设生态文明是中华民族永续发展的千年大计，提供更多

优质生态产品成为现代化建设的重要任务。森林质量是林业的生命线，也是富国富民的绿色财富。通过森林经营提升森林质量是永恒主题。从技术研发来看，一是立地质量和潜力不清，不能提供适地适树决策服务。对立地质量评价尤其是天然林和无林地的立地质量评价方法研究不足，未形成与立地相适应的树种生长过程表，无法回答全国45.6亿亩林地能否满足木材基本自给和森林生态产品需求，及当前我国森林面积扩张有限的情况下的营林等重大问题。二是森林全生命周期综合经营技术缺乏，无法精准实施质量提升。现有研究多为单个分散的森林经营技术，割裂了树木生长和培育的整个环节，无法实现森林全生命周期精准经营。三是缺乏实时精准高效的监测体系和技术，存在数据采集成本高、时效性差、精度低等问题，而新一代遥感、卫星导航、人工智能、大数据、云计算等信息技术发展迅速，为创新遥感林业应用技术体系提供了机遇和挑战。

（二）中短期（2018—2035年）

1. 目标

（1）学科发展

在继承传统森林经理理论和技术方法的基础上，拓展学科发展空间，重点在森林可持续经营理论与技术、林分生长与收获预测、森林资源监测、森林资源信息管理等方向加强创新研究，形成中国特色的森林经营理论与技术体系，学科进入世界先进行列。

（2）技术应用

依托森林经营国家创新联盟、森林经营工程技术研究中心等平台，发挥森林经理学科的技术服务优势，积极服务国家和地方生态建设，为国家和地方不同层次基层提供政策调研、技术标准规程制定、林业调查规划、森林经营方案编制、林分作业设计、森林认证等咨询服务或技术推广，提高学科成果的转化率，扩大森林经理学科影响力。

（3）人才培养

加强森林经营人才队伍建设，采取培养、引进等多种方式，建设由学术带头人、学术骨干、青年后备人才组成的结构合理的学科梯队；加强师资队伍建设和森林经营技术培训，完善研究生培养课程体系和教材体系，培养高质量的森林经理后备人才。

（4）条件平台建设

采取多种途径，加强条件平台建设，建设国家工程技术（研究）中心、省部级重点实验室、局级工程（技术）研究中心、森林经营长期试验示范基地。加强室内分析实验室和野外试验基地的条件建设，配备先进的软硬件设备，提高学科创新研究的基础条件。

2. 主要任务

（1）森林可持续经营领域

研究森林经理区划（经营单元、经营范围和功能区）和规划的理论和方法。研究并制定以问题诊断准确、目标明确具体、整体功能协调、分类切合实际、措施设计符合森林经营原理等为目标的精细森林经营规划。研发多目标经营决策技术，构建多尺度（单木、林分、经营单位、景观水平）、多目标、多功能优化经营模式。森林经营是一项复杂的系统工程，各种经营措施的作用是不相同的，而且对森林的发育和生长存在交互作用，如何根据林分现实状态和经营目标，综合考虑各种经营措施的作用和影响，制订科学合理的经营方案，这就是森林经营决策优化问题。精准森林经营决策优化主要体现在科学的多目标协调机制、合理的约束条件设置、先进的模型优化算法以及具有真实感的可视化展示等。研究单木、林分、经营单位、景观水平等多个尺度上的结构特征，开展全周期经营规划设计，评估森林生态系统的服务质量和所发挥的多种效益，包括提供高产优质木材、发挥固碳减排、生物多样性保护、水源涵养和水土保持多种生态功能等，评价森林在新时期社会发展中对多种新需求和应对气候变化的贡献。研究气候变化背景下各种典型森林生态系统的经营技术。研究气候变化背景下各种典型森林生态系统对计划性经营的响应，建立典型森林类型全周期经营模式，恢复和维持森林生态系统的完整性和适应性。

（2）森林生长收获预估领域

森林生长模型及模拟技术作为研究各种典型森林生态系统对计划性经营反应的一种基本手段，它可以显著缩短研究周期和减少研究费用，已经成为各国争相发展的热点领域。主要任务包括基于近代统计方法及计算机模拟技术，研究森林多水平随机生长模拟理论框架和分析方法；立地质量空间评价模型；树木和林分随机生长与收获模型；林木树冠结构、树干形状、木材质量及机理模型；森林经营和气候变化背景下生长收获模拟与演替机理；森林经营（植被控制、间伐、施肥、遗传改良等）随机效应模拟及经营效果定量分析；构建不同尺度林木及森林资源、生物量及碳储量预测模型；构建多尺度森林生长收获模型系统。

（3）林业遥感监测与评价领域

在林业遥感基础理论及共性技术研究方面，研究微波遥感植被散射机理，微波遥感数据定量化处理技术与方法；研究高分辨率光学、激光雷达遥感植被冠层反射模型，光学遥感影像、激光雷达数据定量化处理技术与方法；研究多源遥感影像林地覆盖类型及变化信息智能化提取方法，基于光学遥感影像、激光雷达数据等多源遥感数据的植被生物物理参数定量反演模型和方法。在林业遥感应用关键技术方面，以我国新一代卫星－低空－地基遥感为主要观测手段，协同应用天－空－地多源数据，突破森林质量地基—低空遥感精准调查，森林结构参数多模式遥感协同反演，森林扰动、退化和生物多样性遥感监测与评价等关键技术瓶颈，集成构建森林质量精准提升监测系统；研究遥感、GIS、导航系统与传统地面调查手段相结合的天空地一体化林业生态工程全过程监测技术，研究国家重点林业工程建设质量及成效评价技术，通过 3S 集成技术构建林业生态保护工程监测与评价应用系统，建立和完善林业生态工程遥感监测与评价指标体系、技术体系。并针对遥感业务化、产业化具体应用需求，制定相应的遥感技术标准或规范，逐步推动林业遥感指标体系、技术体系的建立，促进行业技术进步。研发林业遥感应用支撑平台。研发林业遥感应用共性产品生产系统、林业遥感应用专题信息产品生产系统和针对不同林业调查与监测业务的遥感信息综合集成与服务系统。重点研发以林业为主用户的新型高分辨率对地观测系统（如，陆地生态系统碳监测卫星、L 波段差分干涉 SAR 卫星、P 波段极化 SAR 卫星等）的应用软件支持系统。逐步扩展服务领域，不断提高林业和草原遥感创新技术成果的市场化和产业化转化率。

（4）森林资源信息管理领域

利用互联网＋、大数据、物联网、云计算、人工智能、可视化等技术手段，研发森林规划决策软件工具和平台，辅助多功能适应性森林经营决策。重点突破多类型森林资源信息海量数据管理技术：基于大数据分析计算，构建天－空－地一体化森林资源、生态和环境海量数据的存储、交换、处理和表达方法以及分析评价技术；多源、多时相、多分辨率森林资源数据融合及一体化管理技术。建设森林资源信息管理平台：利用多类型森林监测数据，构建森林多资源和环境监测的管理信息系统及服务平台；研发森林空间数据信息系统和集成的数字化方法。创新森林资源信息辅助决策手段：应用计算机模拟方法，研究森林资源信息流的智能关系和交换机制；基于"3S"和WebGIS 技术，构建网络化、智能化的森林资源信息管理框架及辅助决策的优化算法。提升林业三维虚拟仿真应用水平：研究林业三维仿真虚拟技术与三维可视化系统。重点是大数据智能化森林信息管理和决策技术；构建林业一张图，实现森林资源信息的智能化管理和科学决策。

3. 实现路径

（1）面临的关键问题与难点

在基础理论方面：缺少森林经营措施对森林生态系统的结构和功能等的影响机理研究，天然混交林的生长规律及生态功能形成机制不清，难点是长期实验数据的积累和全生命周期生态系统要素的综合分析和模拟。对林业遥感基础理论的研究重视不够，尚未形成典型林地资源类型的多模式遥感数据正向模拟能力，应用技术创新缺乏基础理论支撑，难点在于复杂地形和植被结构林地场景的主被动辐射散射机理模型和遥感正向模拟技术方法。

在关键技术方面：一是立地质量和潜力不清，不能提供适地适树决策服务。大尺度立地质量调查评价及主要树种（森林类型）立地选择和潜力发挥技术亟待突破。二是森林全生命周期一体化经营技术缺乏，无法精准实施质量提升。现有技术割裂了树木生长和培育的整个环节，无法实现森林全生命周期精准培育经营，难点是攻克典型森林的差异化、精细化、全周期经营技术。三是由于我国林业遥感应用基础理论积累薄弱，致使应用关键技术研发依赖大量实验和统计归纳，所研发技术方法的区域推广性差，对复杂地表的适应性差，难点在于突破适用山地复杂结构植被信息遥感精准、稳健、高效提取的技术。

在推广应用和产业化方面：建立健全森林经营数表体系、研发针对典型森林类型的全周期经营技术、向森林经营者提供森林资源管理、森林经营规划设计平台和工具，都是提高森林经营技术应用的关键。我国林业遥感技术研发力量分散、缺乏系统性，遥感应用关键技术研究虽在小范围试验区可取得高精度监测结果，但存在着技术研发与业务化需求脱节，难以满足实际生产需求问题。由于遥感专业技术人才缺乏，技术推广与市场开发不够，遥感创新技术成果的转化率低，制约了相关技术成果的转化与产业化发展。

（2）解决策略

重视森林经理的应用基础研究。充分利用森林经营长期实验基地和固定观测数据，着重开展森林经营措施对生长、结构和功能的影响规律研究；森林生长与收获精准预测研究；不同尺度森林多目标协同优化理论研究；采用虚拟仿真前沿技术构建3D近真实林地场景，用于复杂地形和复层植被的遥感辐射散射机理模型研究，揭示林地地物组分遥感信号形成机理，夯实山区林地、林木、林分生物物理和生化参数定量反演理论基础。

突破森林经理的重大关键技术。以森林质量精准提升为主线，突破森林立地质量精准评价、典型森林类型全周期经营技术、森林经营优化决策技术、森林质量天–空–地一体化监测评价技术。研发基于地基遥感技术的单木生长模型构建技术，建立典型林木的遥感测树数表模型库；综合应用深度学习算法、遥感辐射散射机理模型和森林生长过程模型，解决林分—县—省—全国等不同尺度林业专题信息多模式遥感协同提取关键技术。应用互联网+、大数据、物联网、云计算、人工智能、可视化等新兴技术，挖掘森林资源数据价值，加快森林资源信息管理平台体系建设，攻克林业增强现实、混合现实等技术难点。

加快森林经营技术的推广应用与产业化。依靠森林经营国家创新联盟、物联网与人工智能应用国家创新联盟、国家林业和草原局森林经营工程中心、遥感工程技术研究中心等平台，凝聚全国森林经营、林业遥感和信息技术研发应用推广优势单位力量，产学研管相结合，组建森林经营长期实验网络基地，完善形成森林经营和遥感应用系列标准，开发森林资源管理、经营规划设计和可视化应用软件平台，从多个渠道争取国家对林业遥感技术研发及应用示范投入，组织开展多层次的技术培训，建立一支专业化的森林经营人才队伍，提高森林经理技术成果转化率，服务于森林质量精准提升和生态文明建设。

（3）时间节点

2018—2025年：开展立地质量和潜力提升评价、森林经营数表、经营措施对森林生长、结构和功能的影响研究，建立森林规划决策软件工具和平台框架，建立用于复杂地形和复层植被的遥感辐射散射机理模型，针对性地开展森林可持续经营研究和示范。

2026—2030年：突破森林立地质量评价、森林经营优化决策、森林质量地基－低空遥感精准调查、森林结构参数多模式遥感协同反演，森林扰动、退化和生物多样性遥感监测与评价等关键技术瓶颈，形成适地适树在线决策、森林经营决策支持平台，部分技术开始大规模应用。

2031—2035年：经营措施对森林生长、结构和功能的影响研究、多尺度林业专题信息多模式遥感协同提取关键技术获得突破，完成主要树种的经营数表，初步形成中国特色的森林经营理论与技术体系。多目标经营决策技术、智能化遥感监测技术和森林资源管理技术开始全面应用，产业化进程和市场发展加速。

（三）中长期（2036—2050年）

1. 目标

将国家需求和学科发展紧密结合，在科技创新、技术应用、师资与人才队伍建设、条件平台建设等方面持续取得显著成效，形成完备的森林经理学科群，发挥龙头学科作用，完善和丰富中国特色的森林经营理论与技术体系，保持学科的世界先进地位，为国家生态文明建设、社会可持续发展和全球森林治理提供强有力的支撑。

2. 主要任务

发展森林经理学的基础理论，围绕自然力与经营的合力机制、森林自然生长发育规律、大尺度森林结构与功能的耦合关系、多功能协同等开展研究。丰富森林经理学的研究方法，研究森林资源自动获取和智能分析方法、野外经营实验自动观测方法、大数据分析超计算建模方法、计算机可视化模拟方法等。研发精准的森林经营技术，形成精确工艺，包括全天候、全覆盖、智能化森林资源监测技术，基于网络的森林经营决策及规划技术，典型森林类型的全周期经营技术，定制化森林抚育、间伐、更新工艺等。

3. 实现路径

针对以上目标和任务，实施以下策略：①进一步完善和充实学科知识体系，包括理论体系、技术体系和方法体系。②加强师资和人才队伍建设。加大人才建设力度，建设结构合理的学科研究梯队和师资队伍，造就一批学科领军人才和优秀创新团队，带动学科的快速发展。③加强基础条件平台建设。包括国家重点实验室、工程技术研究中心、长期试验基地等条件平台，改善学科创新研究的基础条件。④加强科学研究，提高创新能力。在国家重大研发计划中持续设立森林经营方面的重大专项或项目；重视研究和实践的结合，针对国家需求和森林经营实践中的具体问题开展研究，在森林经理学的基础理论、研究方法和技术工艺方面获得突破。⑤加强学术合作与交流。利用学会、联盟等各种平台，加强学科内部的交流合作；积极参与国际森林经营的研究和实践活动；通过开展国内外交流合作，实现强强联合、优势互补，促进学科发展。⑥加强科研成果的推广应用。通过产学研的密切配合，产出技术先进、经济可行、社会可接受的森林经营产品，服务于全国的森林经营实践。

（四）路线图

围绕提升森林质量，保证国家木材安全和生态安全的战略需求，以建立完善的中国特色的森林经营理论与技术体系、保持森林经理学科的世界先进行列为目标，在森林经理基础理论、共性关键技术和产业化推广应用方面部署重点任务。在基础理论方面，重点开展自然力与经营力的耦合、森林多功能区划、森林生态系统对经营措施的响应机理、大尺度森林结构与功能的耦合关系等研究，夯实森林经理的理论基础。在共性关键技术方面，重点开展立地质量和潜力提升评价、多目标经营决策技术、多尺度森林生长收获模型系统、典型森林类型的全周期经营技术、森林结构参数多模式遥感协同反演、全天候、全覆盖、智能化森林资源监测技术等研究，形成涵盖区划－调查－规划－预测－监测－评价的技术体系。通过形成森林经营系列标准和产品，包括适地适树在线决策、森林经营决策支持平台、森林经营数表、智能化遥感监测技术和森林资源管理技术、定制化森林经营工艺，实现森林经营技术的产业化和广泛应用。技术路线如图5-1所示。

内容		2018—2025 年	2026—2030 年	2031—2035 年	2036—2050 年
战略需求		森林质量提升 木材安全和生态安全			
目标		森林经理学科进入世界先进行列 形成中国特色的森林经营理论与技术体系			形成完备的森林经理学科群，完善和丰富中国特色的森林经营理论与技术体系，维持学科的世界先进性
任务	基础理论	森林经理区划理论	多功能协调理论		自然力与经营的合力机制
		林业遥感基础理论			大尺度森林结构与功能的耦合关系
		森林生态系统对经营措施的响应机理			
	关键技术	立地质量和潜力提升评价	多目标经营决策技术		森林资源自动获取和智能分析技术
		多尺度森林生长收获模型系统	混交异林龄经营技术		
		森林结构参数多模式遥感协同反演	全天候和全覆盖森林资源监测技术		基于网络的森林经营决策及规划技术
		森林经营可视化技术			
		典型森林类型的全周期经营技术			
	产业化应用	典型森林类型的抚育更新技术	适地适树在线决策	森林经营数表	智能化森林经营决策
		高分辨率遥感监测技术	森林经营决策支持平台	智能化遥感监测技术和森林资源管理技术	自动化森林资源监测
					定制化森林经营工艺

图 5-1　森林经理学科发展技术路线

参考文献

［1］Burkhart HE，Tomé M．Modeling Forest Trees and Stands［M］．Springer，2012.

［2］Duncker PS，Raulund-Rasmussen K，Gundersen P，et al．How forest management affects ecosystem services，including timber production and economic return：synergies and trade-offs［J］．Ecology and Society，2012.17（4）：50.

［3］ Frew MS, Evans DL, Londo HA, et al. Measuring Douglas-fir crown growth with multitemporal LiDAR ［J］. Forest Science, 2016, 62（2）：200-212.

［4］ Garcia-Gonzalo J, Bushenkov V, McDill ME, et al. A decision support system for assessing trade-offs between ecosystem management goals：an application in Portugal ［J］. Forests, 2015, 6（1）：65-87.

［5］ Kangas A, Kangas J, Kurttila M. Decision Support for Forest Management ［M］. Springer, 2015.

［6］ Keenan RJ. Climate change impacts and adaptation in forest management：A review ［J］. Annals of Forest Science, 2015, 72：145-167.

［7］ Larocque GR. Ecological Forest Management Handbook ［M］. CRC publishing house, 2016.

［8］ Lei X, Yu L, Hong L. Climate-sensitive integrated stand growth model（CS-ISGM）of Changbai larch （*Larix olgensis*）plantations ［J］. Forest Ecology and Management, 2016, 376：265-275.

［9］ Li L, Hao T, Chi T. Evaluation on China's forestry resources efficiency based on big data ［J］. Journal of Cleaner Production, 2016, 142.

［10］ Macdicken KG. Global Forest Resources Assessment 2015：What, why and how ［J］. Forest Ecology and Management, 2015, 352：3-8.

［11］ Mäkelä A, del RíOM, Hynynen J, et al. Using stand-scale forest models for estimating indicators of sustainable forest management ［J］. Forest Ecology and Management, 2012, 285：164-178.

［12］ O'Hara KL. Multiaged silviculture：managing for complex forest stand structures ［M］. Oxford University Press, USA, 2014.

［13］ Pretzsch H, Forrester DI, Bauhus J. Mixed-species forests-Ecology and Management ［M］. Springer, Berlin, 2017.

［14］ Pretzsch H, del RíOM, Biber P, et al. Maintenance of long-term experiments for unique insights into forest growth dynamics and trends：review and perspectives ［J］. European Journal of Forest Research, 2019, 138（1）：165-185.

［15］ Reyer CPO, Bugmann H, Nabuurs GJ. Models for adaptive forest management ［J］. Reg Environ Change. 2015, 15：1483-1487.

［16］ Rossit DA, Olivera A, Céspedes VV, et al. A Big Data approach to forestry harvesting productivity ［J］. Computers and Electronics in Agriculture, 2019, 161：29-52.

［17］ Skovsgaard JP, Vanclay JK. Forest site productivity：a review of spatial and temporal variability in natural site conditions ［J］. Forestry, 2013, 86：305-315.

［18］ 国家林业局. 林业发展"十三五"规划, 2016, 5.

［19］ 惠刚盈, 胡艳波, 徐海, 等. 结构化森林经营 ［M］. 北京：中国林业出版社, 2007.

［20］ 李增元, 庞勇, 刘清旺, 等. 激光雷达森林参数反演技术与方法 ［M］. 北京：科学出版社, 2015.

［21］ 李增元, 陈尔学. 合成孔径雷达森林参数反演技术与方法 ［M］. 北京：科学出版社, 2019.

［22］ 陆元昌, 刘宪钊. 多功能人工林经营技术指南 ［M］. 北京：中国林业出版社, 2014.

［23］ 唐守正, 雷相东. 加强森林经营, 实现森林保护与木材供应双赢 ［J］. 中国科学：生命科学, 2014, 44（3）：223-229.

［24］唐守正，张会儒，孙玉军，等. 森林经理学发展. 中国科学技术协会主编，中国林学会编著，
2006—2007 林业科学学科发展报告［M］. 北京：中国科学技术出版社，2007，110-120.

［25］张会儒，雷相东，张春雨，等. 森林质量评价及精准提升理论与技术研究［J］. 北京林业大
学学报，2019，41（5）：1-18.

［26］中国林学会. 2016—2017 林业科学学科发展报告［M］. 北京：中国科学技术出版社，2018.

撰 稿 人

张会儒　雷相东　孙玉军　陈尔学　张怀清　杨　华　杨廷栋　王新杰　王轶夫

第六章　森林昆虫

一、引言

森林昆虫是指生活在森林中与森林有直接或间接关系的昆虫。传统的森林保护学中，森林昆虫学（Forest Entomology）是研究防治林木害虫及对天敌昆虫和资源昆虫利用的科学（昆虫学名词审定委员会，2000）。实际上与森林相关的昆虫学研究范围很广，涉及森林害虫、天敌昆虫、传粉昆虫、中性昆虫、腐食昆虫、资源昆虫、药用昆虫、食用昆虫、观赏昆虫等。

森林昆虫学的研究与利用具有十分重要的价值。一方面，一些森林害虫可对林业生产、森林生态环境甚至人畜健康造成严重危害，甚至带来灾难性的经济损失。如松毛虫、光肩星天牛、美国白蛾对我国林业发展造成了严重影响，松褐天牛传播重大森林病害，有些森林昆虫直接危害人类健康，如松毛虫使人过敏。因此研究森林昆虫的发生规律和治理对策可以预防或减少经济和生态损害。另一方面，森林昆虫对人类和自然生态系统也具有有益之处。天敌昆虫控制森林害虫维护系统稳定，访花昆虫可为森林植物授粉提高产量，资源昆虫可以为人类提供工业原料和其他经济产品，一些药用食用昆虫如柞蚕等可提供优质替代营养产品，一些腐食性昆虫是森林中死树和动物尸体的分解者，还有大量的中性昆虫对维护森林生态系统食物链平衡和生物多样性起到至关重要的作用。研究森林益虫可以更好地开发利用昆虫，研究中性昆虫有利于更好地保护森林生态系统健康。

森林昆虫学科范畴相当广泛，包括森林昆虫的物种多样性、系统发育、种群发生发展规律、与森林生态系统的相互作用、种群数量和有效调控以及有益种类的保护利用策略和措施。主要发展方向包括分类鉴定与智能识别、精准快速检测监测、暴发机制、预测预报、绿色防控技术、食用药用昆虫产业化以及保护利用等。

森林昆虫学的发展目标是防治林木害虫、利用森林益虫、保护森林健康和维护森林生态系统的生物多样性。

国际上森林昆虫学朝向微观和宏观两个方面深入发展，微观上随着分子生物学和多组学技术的进步而飞速发展，宏观上由于森林生态学和 3S 技术的突破，森林害虫入侵机制、致害机制、快速监测和遗传控制等方面的研究越来越受到关注。森林害虫被当作森林生态系统的一个组成成分进行综合考虑，不再以单纯的有害生物作为研究对象。资源昆虫和天敌昆虫的研究和利用也日益受到重视。

二、国内外发展现状的分析评估

（一）国内外现状

以权威数据库 ISI Web of Science 核心合集（简称 WOS）和 Chinese Science Citation Database（简称 CSCD）收录的文献为基础数据，对最近五年（2014—2018 年）中国森林昆虫学发展现状进行分析评估。

首先，在 Web of Science 核心合集进行高级检索，检索的时间跨度为最近五年，即 2014—2018 年。世界森林昆虫学相关文献检索式为：TS=（insect OR entomology OR pest OR borer）AND TS=（forest OR tree OR wood OR bamboo OR trunk OR branch）。中国森林昆虫学相关文献检索式：TS=（insect OR entomology OR pest OR borer）AND TS=（forest OR tree OR wood OR bamboo OR trunk OR branch）AND CU=China。中国昆虫学相关文献检索式：TS=（insect OR entomology OR pest OR borer）AND CU=China。（注：TS =Topic，指查找在 Title，Abstract 或 Keywords 字段中包含检索词的记录。CU=Country/Region，指查找在 Addresses 字段中出现此国家 / 地区的记录。）

同时，在 CSCD 数据库进行文献检索，检索的时间跨度同样为最近五年，即 2014—2018 年。昆虫学相关文献检索条件为：学科 = 昆虫学。森林昆虫学相关文献检索条件为：中文文献的标题、摘要或关键词字段包含检索词"木"或"林"或"树"，学科 = 昆虫学；英文文献的 Title、Abstract 或 Keywords 字段包含检索词"forest""tree""wood""bamboo""trunk"或"branch"，学科 = 昆虫学。

1. 中国森林昆虫学在国内外的地位

2014—2018 年，世界发表的森林昆虫学文献 9365 篇，其中中国发表的森林昆虫学文献 882 篇；CSCD 中检索到学科 = 昆虫学的文献 3127 篇，其中森林昆虫学文献 592 篇（图 6-1）。

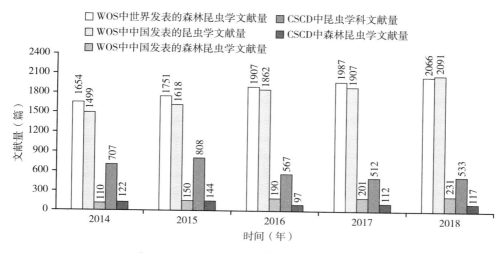

图 6-1　2014—2018 年发表的文献数量

2014—2018 年，WOS 中中国发表的森林昆虫学文献量在中国发表的昆虫学文献量或世界发表的森林昆虫学文献量中的比例逐年增加，2018 年分别达 11.05% 和 11.18%；CSCD 中森林昆虫学文献量在昆虫学科文献量的比例整体呈增加态势，2018年达到 21.95%（图 6-2）。

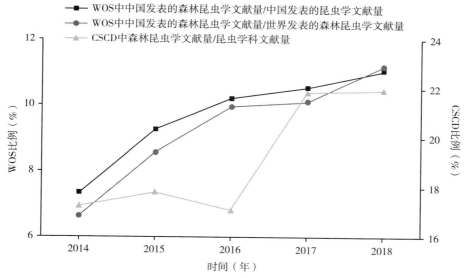

图 6-2　2014—2018 年森林昆虫学文献量在相关文献中的
比例变化情况

2014—2018 年，WOS 中中国发表的森林昆虫学文献量较上一年在持续增长，而且增长率高于同期世界发表的森林昆虫学文献量增长率和中国发表的昆虫学文献数量增长率，其中，2015 年度增长最快，较 2014 年增长 36.37%；CSCD 中森林昆虫学文献量和昆虫学科文献量较上一年增减不一，结合 WOS 文献量增长情况发现，有 WOS 和 CSCD 文献总量持续增加并从 CSCD 发表文献转移到更多的在 WOS 发表文献的现象（图 6-3）。

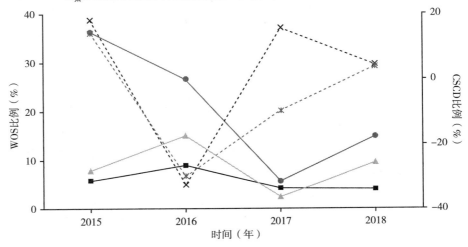

图 6-3　2014—2018 年发表文献量年变化情况

由 WOS 引文分析可知，2014—2018 年，882 篇中国发表的森林昆虫学文献被引频次总计 5785 次，篇均被引 6.56 次，自引率为 5.39%，H-index=28（表 6-1）。

表 6-1　2014—2018 年 WOS 文献引用报告

报告内容		世界发表的森林昆虫学文献	中国发表的森林昆虫学文献	中国发表的昆虫学文献
	H-index	64	28	65
被引频次	总计	62825	5785	61564
	去除自引	52250	5473	46333
	自引率	16.83%	5.39%	24.74%
	平均引用次数	6.71	6.56	6.86
施引文献	总计	41301	5081	36693
	去除自引	37380	4880	32045
	自引率	9.49%	3.96%	12.67%

通过文献计量分析可见，中国森林昆虫学研究在国内外相关领域具有较强的竞争力，并呈不断加强的发展趋势。

2. 主要科研机构与合作机构

2014—2018年，WOS中882篇中国发表的森林昆虫学文献共600个机构（扩展）参与，文献量超过10个（包含10）的中国机构共29个，其中位居前5位的机构依次为中国科学院、中国林业科学研究院、中国农业科学院、北京林业大学和中国科学院大学（图6-4-A）；CSCD中592篇文献中发表的森林昆虫学文献共359个机构参与，文献量超过10个（包含10）的机构共21个，其中位居前5的机构依次为中国科学院、中国林业科学研究院、华南农业大学、中国农业科学院和北京林业大学（图6-4-B）。

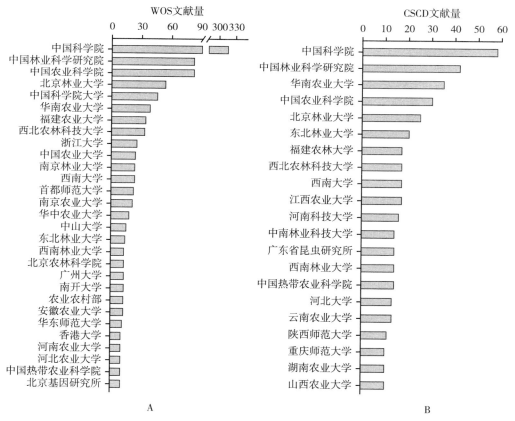

图6-4　2014—2018年在WOS和CSCD中发表森林昆虫学文献量超过10（包含10）的中国机构

WOS中882篇中国发表的森林昆虫学文献共有67个国家或地区参与合作，其中合作文献量超过10个（包含10）的国外机构有14个，前5位分别为 United States

Department of Agriculture，University System of Maryland，Smithsonian Institution，State University System of Florida 和 University of California System（图 6-5）。

图 6-5　2014—2018 年 WOS 中与中国合作发表森林昆虫学文献量超过 10（包含 10）的国外机构

3. 主要出版物

WOS 中 882 篇文献在 347 个出版物上发表，发表文献量超过 5 的出版物有 29 种，发文量前 5 名的出版物分别为 Plos One、Scientific Reports、Journal Of Insect Science、Bmc Genomics 和 Journal Of Asia Pacific Entomology，共发表文献量 165 篇，占总文献量的 18.71%（图 6-6）。CSCD 中 592 篇文献主要发表在环境昆虫学报或昆虫学报上，分别为 198 篇和 144 篇，占文献总量的 57.77%。

4. 研究对象

通过对 2014—2018 年 WOS 和 CSCD 中共有关键词进行分析，发现松材线虫 *Bursaphelenchus xylophilus*、松墨天牛 *Monochamus alternatus*、光肩星天牛 *Anoplophora glabripennis*、红棕象甲 *Rhynchophorus ferrugineus*、红脂大小蠹 *Dendroctonus valens*、云杉蚜虫 *Choristoneura fumiferana*、臭椿沟眶象 *Eucryptorrhynchus brandti*、舞毒蛾 *Lymantria dispar*、白蜡窄吉丁 *Agrilus planipennis*、长足大竹象 *Cyrtotrachelus buqueti*、华山松大小蠹 *Dendroctonus armandi*、松树蜂 *Sirex noctilio*、马尾松毛虫 *Dendrolimus punctatus*、梨小食心虫 *Grapholita molesta*、美国白蛾 *Hyphantria cunea*、中欧山松大小蠹 *Dendroctonus ponderosae*、花绒寄甲 *Dastarcus helophoroides*、红火蚁 *Solenopsis invicta*、扶桑绵粉蚧 *Phenacoccus solenopsis* 是出现频次较高的森林昆虫研究对象，松属植物 *Pinus sp.* 和杨树是主要的

图 6-6　2014—2018 年 WOS 中中国发表森林昆
虫学文献量超过 5 的出版物

研究寄主。

（二）研究前沿、热点

通过对 2014—2018 年 WOS 和 CSCD 中共关键词进行分析，发现中国森林昆虫学研究者在文献中展示的研究前沿和热点表现在森林昆虫分子生物学、森林昆虫化学生态学、森林害虫综合防治、森林昆虫生理生态学、森林昆虫超微结构和林业入侵生物等方面。出现频次较高的重点关键词有分子系统发育、物种多样性、形态特征、线粒体基因组、群落结构、生活史、序列分析、生物防治、植物挥发物、16S rDNA、天敌、COI 基因、扫描电镜、气味结合蛋白、扩散、蛀干害虫、线粒体 DNA、诱捕和触角电位等词。

三、国际未来发展方向的预测与展望

（一）国际未来发展方向

1. 利用多组学技术挖掘防治害虫靶标

随着 DNA 测序技术和生物信息学的快速发展，利用基因组学、转录组学、蛋白组学、代谢组学、翻译组学等多组学技术解决广泛关注的种群遗传学和进化生态学热点问题已成为研究趋势。未来需要深入开展我国重要森林害虫和资源昆虫的基因组测

序和解析，同时通过基因克隆、干扰、敲除和转基因等手段挖掘影响森林昆虫生命活动过程中重要功能基因，阐明害虫暴发的内在机制，创制新型杀虫剂、培育转基因抗虫植物以及开展遗传调控、行为调控、生境调控等方面的技术研究，以寻求和创新害虫生态治理和可持续控制的策略和手段。

2. 森林害虫精准快速检测和鉴定

森林害虫种类的快速检测和鉴定是精准监测的重要前提和基础，对害虫综合治理具有重要的指导意义。随着计算机技术、微电子技术、分子检测技术等的飞速发展，在害虫自动识别领域取得很大的进步，然而声音和雷达信号、图像处理、红外传感器等关键技术在害虫自动识别中的应用有待进一步提高，特别是分子标记检测技术分析有害生物不同种群间的同源性、异质性和鉴别近缘种等方面，这些技术的深入发展将提高害虫自动识别的效率，促进森林害虫精准监测的实施。

3. 森林害虫精准监测

当前我国森林害虫的监测预报主要依靠地面人工监测，技术能力和工作效率低下，对科技的依赖性较低。未来以立体监测为方向解决监测手段单一落后的问题，提高监测水平，大力发展联网化立体监测模式，研发基于人工智能的森林害虫遥感监测技术和大数据挖掘及耦合技术，实现智能化的生物灾害信息提取、发生扩散趋势预测，推动森林害虫监测预报工作向智能化、精准化发展。

4. 森林害虫绿色防控技术

林业上绿色防控是指从森林生态系统整体出发，推广应用生态调控、生物防治、理化诱控、科学用药等技术，以达到保护生物多样性，降低病虫害暴发概率的目的。未来重点推广应用以虫治虫、以螨治虫、以菌治虫等生物防治关键措施，加大成熟产品和技术的示范推广力度，积极开发植物源农药、农用抗生素、植物诱抗剂等生物生化制剂应用技术。积极推广保育生物防治，通过提高天敌的种群数量和控制力来增加控害保益功能。科学组合多种绿色防控技术，例如利用天敌昆虫携带病原菌，发挥协同效益是未来绿色防控技术亟待突破的重点领域。

5. 食用药用资源昆虫产业化

昆虫作为生产新型高蛋白保健食品和治疗疾病的一种新资源，具有广阔的前景，但要使昆虫产业成为一个支柱产业，就必须在开发食用药用昆虫资源的同时，对已初步产业化的昆虫做更广更深入的研究，以增强食用药用昆虫产业化的后劲。

（二）重点技术

1. 生物信息学技术与森林昆虫基因功能研究

生物信息学是在分子生物学和信息科学共同发展基础上产生的一门交叉学科。与医学、基础生物学、农业科学以及昆虫学等方面的应用相比，生物信息学在林业昆虫领域的应用处于起步阶段。随着森林昆虫基因组、转录组、表达谱数据大量积累，这些生物学数据库如何存储、管理和深度挖掘将是解析森林昆虫生命活动过程中重要基因功能的关键技术。

2. 3S结合人工智能技术对森林害虫进行精准监测与预报

传统的森林病虫害监测与防治主要依靠人工作业，难以实现监测与防治的及时性和有效覆盖性。利用 GIS 对森林害虫进行预测、预报、分析和评估，受害林区范围的确定和飞防，无人机结合 RS 技术进行较大范围内森林害虫及时监测，并对发生动态进行全面、及时的反映，极大提高了森林害虫监测与防治的时效性，也可利用 GPS 进行导航定位，从而节省大量的人力和物力，提高了工作效率。同时以森林害虫智能识别及大数据预测关键技术的研发为重点，基于大数据预测和深度学习理论，通过历史发生数据、移动端实时监测数据及遥感监测数据等，建立森林害虫影像标准样本集及发生相关因子数据库，研发影像智能技术识别算法体系及基于大数据分析的时空传播预测预报模型体系，实现森林害虫智能化判读和可视化管理。

3. 遗传防治技术和RNAi技术在森林害虫绿色防控中的应用

遗传防治是利用遗传学原理改变或取代害虫遗传物质，降低其潜在的生殖能力的一种防治方法，因其防治效果好、专一性强、安全性高，具有化学防治无法比拟的优点，显示了其广阔的发展前景。新的分子生物学技术（例如：CRISPR/Cas9 系统、Wolbachia– 细胞质不亲和性系统等）整合到下一代害虫遗传防治策略已成为新的研究热点。同时需要加强害虫遗传防治与其他防治技术相结合，例如：将 γ 射线产生不育卵与卵寄生蜂天敌控制相结合；化学不育剂与性引诱剂等配合应用技术，使害虫自动产生不育。此外，RNAi 作为一种新型的、高特异性、对环境友好的现代生物技术，在害虫防治、益虫保护和新型农药开发上展现巨大的潜力。然而 RNAi 在森林害虫绿色防控中的应用与研究还处于初步阶段，许多基础性和技术性的问题亟待解决和突破。

四、国内发展的分析与规划路线图

（一）需求

目前，我国林业有害生物发生所造成的损失年均超过 1100 亿元，其中森林害虫导致的损失是其主体。新时代新形势的发展，特别是生态文明建设和林草业发展，对森林保护提出了更高的国家与行业的重大需求，也为其发展提供了难得的历史性机遇，主要体现在以下方面。

一是病虫害防治任务必将加重。人工林易发生有害生物，这是自然规律。我国木材供给的对外依存度很高，但为保护生态环境，天然林已停止商业性采伐，为满足国内日益增长的木材需求，同时改善生态环境，唯一路径是发展人工林，尤其是优质高效的用材林。

二是外来入侵害虫风险剧增。随着"一带一路"倡议和自贸区的发展，入侵生物的主要登陆地带也将更加多元化，例如新疆，已从防控林业入侵生物的"战略后方"变成"前沿阵地"；我国最重要的林业入侵生物松材线虫和红脂大小蠹，近几年超出预期，迅速向东北地区扩散，严重危害新的寄主树种，如红松、樟子松和落叶松等，已造成重大损失，需要快速高效的入侵生物防控技术。

三是对无公害治理技术的要求比以往更迫切。维持山区扶贫脱贫成效的重要路径之一是发展经济林，同时，随着人民对健康食品需求的提升、国家实施农药和化肥的"双减计划"，使得经济林和林下经济发展中更需有害生物的无公害治理技术。

四是深度融合新技术是提升森保水平的必然路径。分子生物学、化学生态学、航天遥感、无人机、大数据等技术的快速发展，也给森林保护理论与技术提升提供了新途径。同时，大力推进社会化防治，需要标准化、规范化的技术支撑。

但我国的森林保护学发展面临以下主要问题：基础研究仍是薄弱环节，较少体现森林生态系统的特色，纯基础研究多，应用基础研究偏少，跟踪性研究多，原创性研究少，严重制约重大防治技术的突破。单项技术产出多，集成创新成果少，成果固化率很低，标准化成果更少。一些监测新技术应用少，尤其是近年发展迅速的高分辨率航天遥感、无人机、大数据和人工智能技术。同时，年轻拔尖人才尚未显出群体效应。

因此，在森林保护学发展中，从研究对象角度，要强化对人工用材林和经济林有害生物的防控研究，积极探索从单一有害生物为主转向以某一树种上主要有害生物"群落"为研究单元，可以集约经营性强的一些经济林和人工用材林树种作为试点。从有害生物类型的角度，更加重视生物入侵防控理论与技术的研究，并积极探索宏观预警及防控新思路。研究方法方面，强化"整合科学"的思维方式，加强学科交叉。同时，拓展分子生物学、化学生态学等技术的应用，大力应用信息技术，如国产高分卫星遥感监测、无人机监测、大数据和人工智能等技术。

（二）中短期（2018—2035 年）

1. 目标

森林昆虫学的研究和发展目标是防治林木害虫、利用森林益虫、保护森林健康、维护森林生态系统生物多样性和稳定性。在基础研究方面，森林害虫的研究旨在揭示重大林木害虫的暴发成灾机制，阐明恶性森林害虫的扩散蔓延途径，明晰外来森林害虫成功入侵的要素。天敌昆虫的研究目标在于揭示天敌昆虫在森林生态系统中对寄主害虫的调控原理和抑害功能，资源昆虫的研究目标是阐明经济产物的生成机制和影响因素，授粉昆虫的研究目标是了解种群变化的内在原因和外部驱动因素，药用食用昆虫的研究目标是解析有效成分的合成途径和转化效率，中性昆虫的研究集中于生态功能的维护机制。应用研究方面，森林昆虫的研究目标包括森林害虫的快速检测技术开发、森林昆虫种群精确监测技术、生物信息技术在林业昆虫上的应用研究、遗传防治技术在林业害虫治理上应用研究、3S 结合无人机技术对森林害虫进行精确监测与预报、现代生物技术如 RNAi 技术在林业害虫防治中的应用研究以及人工智能技术的研发等。

2. 主要任务

（1）重点领域

1）害虫检测。害虫精准快速检测和鉴定技术。基于有害生物的多基因片段（CO Ⅰ、16S、28S、ITS、IGS、核基因组序列等），筛选可实现其精准识别的靶标基因；采取多种方法（常规 PCR、多重 PCR、荧光定量 PCR 等），利用多种检测技术（DNA Barcoding、特异性引物扩增、环介导等温扩增技术等），实现害虫的精准快速检测和鉴定技术。

害虫侦听技术。在林木受害的早期发现害虫存在、确定害虫位置、区分害虫种类、估计害虫数量，从而开展有针对性地防治，适用于隐蔽林木蛀干害虫的监测，为有针对性防治害虫提供良好的监测手段，对防治钻蛀性害虫意义重大。

基于机器学习的害虫自动检测技术。在使用真实数据进行害虫检测时，通过卷积神经网络等机器学习的方法，达到识别害虫种类、数量的目的，使得在林业害虫检测准确率和速度方面均有很大提升，同时能实现图像中害虫位置的精准定位。

2）害虫监测。基于信息素的虫情监测技术。利用开发较为成熟的害虫引诱剂进行最佳性诱剂组分优化，微量成分的增效评估；诱芯释放载体的选择，缓释技术的开发；单位质量的信息素活性成分可控林分的面积，作用半径的估测；最佳诱捕器的设计，林间悬挂设置的最优化（风向、诱捕器高度、放置密度）；诱捕量的时间动态，与林间虫量对应关系的准确性验证，从而建立引诱剂诱捕量与林间实际虫口密度的关系模型；最后，不同林地类型信息素诱捕设置各项参数指标量化。

基于高分遥感和无人机图像的受害单株 / 林分精准辨识。基于高分遥感和无人机图像的森林虫害与非生物灾害的关联与区分技术；基于同一树种不同季节和不同受害阶段的针叶和树冠变化特征，建立基于航天遥感和无人机技术的受害单株被侵染过程的精准检测和辨识；明确灾害监测最佳时相，筛选灾害程度敏感特征参数，研建高精度灾害监测模型，突破林分尺度灾害快速高效监测和预测技术；实现灾害监测从"灾后评估"转为"灾变监测"，提高监测的时效和实效。

物联网与森林害虫监测预警。物联网建设实现了信息的交换，聚集分散的信息，整合物与物的数字信息，摒弃无效数据，实现数据标准化建设。同时，通过引入智能感知、人工识别等前沿技术，实现森林虫害的监测预警，通过真正的物联网建设，有效提升现代化监测预警能力，最终实现数据可视、数据联动、数据决策的立体化监测和精细化预报，为精准防治提供服务。

3）害虫防治。运用生物靶标导向的农药高效减量使用关键技术与应用。研究农药精准减量施用核心技术及配套装备，完善农产品中农药残留限量标准和分析方法。研究昆虫信息素、保幼激素、蜕皮激素等动物源农药，昆虫细菌、昆虫病毒等微生物农药，以及通过基因改良的专性寄生蜂、昆虫病原微生物、病毒等。

林木抗虫相关重要功能基因的发掘与利用。以重大发生危害的林业害虫为重点，破解其基因组特征和遗传结构，通过转录组学、蛋白质组学、代谢组学、翻译组学揭示其发生危害的机制，发掘潜在的重要防治靶标基因资源，以便为新的林业害虫防治策略和途径的构建奠定基础。

从生态系统角度研究森林害虫成灾规律。从分子、个体、种群、群落、生态系统及景观不同生态学层次开展有害生物综合治理相关的基础理论研究，研发基于生态调控的新技术手段，加强微观的分子生态学和宏观的景观生态学的研究，并将其与其他层次的生态学研究相结合。

森林生态系统生物多样性控制害虫机制与利用研究。将多样性控制虫害机理与防治对象和生态环境相结合，确定多样性结构和模式，为从基因、物种、生态系统等不同尺度来发掘利用森林生物多样性对虫害进行有效防控和林业可持续发展提供新的策略。

4）益虫利用。天敌昆虫高效繁育技术与装备及配套应用技术，可持续性天敌、昆虫病原微生物及病毒生产技术。攻克原始寄主和替代寄主的规模化繁育技术、开发寄生蜂的人工饲料、开发摆脱原始宿主活体的病毒规模化繁育技术、开发出可在自然界形成杀虫活性物质的 Bt 新型菌株及其生产技术可极大提高 Bt 效果，增加持效性，提高 Bt 杀虫剂持续防治作用。

系统调查我国重要地区的昆虫类群，特别是传粉昆虫和天敌昆虫资源，提出这些昆虫的保护利用对策。结合现代新技术，阐明昆虫进化关系。加强传粉昆虫研究，开展传粉昆虫多样性及其提供传粉服务关系的分析，提高传粉昆虫的生态服务功能。

（2）关键技术

1）3S 结合无人机和大数据技术对森林害虫进行精确监测与预报。3S 和无人机监测因其准确性、不受地形地势影响、大量解放劳动力、工作效率更高等优势，在高山密林、气候条件恶劣的林业害虫监测与预报方面应用前景广阔。未来，3S 技术和无人机技术各自结合自身优势，在尺度上相互弥补（大尺度评估和小尺度精细分析）、功能上相互协调（监测和防治相互对接），是未来森林害虫精确监测、预报、防治的重要发展方向和技术。

目前，我国拥有大量的森林有害生物的普查数据，同时，科研数据也大量涌现。以上述资料为基础，构建区域森林有害生物的基础数据库。未来高精度遥感技术可将精度达到厘米级，定位系统就能准确判断植物叶片被啃食、叶片发黄、倒伏等病症发生的位置、面积、破坏程度等，建立基于移动终端的森林有害生物数据采集系统，实现有害生物种类、发生面积、发生位置的实时采集，进而判断虫害的扩展方向，给出初步的防治计划和防治路线，为迅速、简捷、高效的防治提供依据。建立基于大数据的有害生物数据分析和测报系统，实现森林有害生物的大数据分析和测报。随着遥感图像时空分辨率的进一步提高及对高分辨率、高光谱和高时间分辨率的遥感数据的进一步应用研究，虫害动态监测的研究将会突破传统大尺度的定性研究，而逐渐走向小尺度的定量研究。此外，其时效性也是未来应用的重要优势。例如对于我国目前危害最严重的松材线虫病，在很多山高林密的地区，往往在发生多年之后才被发现，导致大面积松树枯死，防治难度很大。利用有害生物数据分析和测报系统完全可以在病虫害发生初期将其控制住。

无人机技术将在病虫害监测和防治上大规模应用。在监测方面，无人机体积小、方便快捷，未来将实现常态化巡航监测，其携带的摄像头等设备把实时数据传到监测指挥中心，结合当地气候气象资料，可以对病虫害的发生进行准确的预测预报。在病虫害防治方面，无人机将可能逐渐取代小型飞机在飞防方面的作用，无人机通过人工远程控制喷洒农药和释放天敌，提高施药精度和天敌释放效率。

昆虫引诱剂与诱捕技术朝向无人化、智能化和高效率发展，如可通过联网方法，自动控制引诱剂的添加、诱捕害虫数量的计数、诱捕害虫的收集保存，并可将数据、音频和视频信号实时传回监控中心电脑或者管理者的智能终端。不仅降低劳动成本，也可提高监测准确性，保证时效性。

2）优秀天敌的选育和控害机理研究。优秀天敌的选育是成功利用天敌控制害虫的根本。针对中国本土和外来的重大害虫，首先，找到适宜中国本土的天敌种类，利用现代生物技术手段，提高天敌种群的规模和数量，增强天敌对环境的耐受力和对害虫的控制力。另外，加强国际合作，与入侵害虫原产地国家相关部门建立联系，在入侵物种的原产地，寻找并筛选优势天敌，利用经典生物防治理论指导应用。

同时，展开对可能入侵中国的害虫种类的预测，并进行预防性的天敌储备研究是未来急需进行的工作之一。开展天敌昆虫控害机理研究，从免疫、生长发育、营养代谢等多角度揭示天敌昆虫对林业害虫调控的生理和分子机理，发掘天敌昆虫对林业害虫控制的关键捕食或寄生因子，结合现代生命科学技术对其进行研发利用，以期阐明天敌昆虫对林业害虫的控制机制、开辟新的林业害虫生物控制途径。

3）现代生物技术。目前世界上已报道了 200 多种昆虫的基因组，这些基因组数据为研究昆虫成灾机制及防控技术提供了重要的信息基础，促进了以鉴定基因功能为目标的昆虫功能基因组学的发展，为害虫的致害机制和防治方法提供了分子水平上的基本依据。其中林业上仅光肩星天牛、美国白蛾、白蜡窄吉丁等数种重要害虫的基因组被报道，昆虫功能基因组的研究工作尚处于起始阶段。未来的研究任务是，围绕我国北方和南方危害严重的叶蜂、天牛、小蠹虫、松毛虫等害虫以及重要检疫性和入侵林业害虫，建立完善的功能基因组研究技术体系，通过功能基因组解析揭示这些害虫的典型生物学特征、发生危害以及爆发成因的内在分子机制，发掘可用于筛选新型害虫防治技术的靶标，并基于以上结果，利用几种现代生物学技术，研发一批具有自主知识产权的绿色防治技术。

RNA 干扰技术是害虫防治新技术开发中新的增长点。RNAi 是一种分子生物学上由双链 RNA 诱发的特异性的基因沉默现象，是研究昆虫功能基因组学的一个强大技术平台，促进了昆虫基因功能研究的革命。随着越来越多昆虫 RNAi 体系的建立，RNAi 已经成为昆虫学研究领域的前沿和热点。在防控害虫领域，通过干扰上述基因组分析挖掘的靶标基因，导致害虫的环境适应能力降低或致死。目前，RNAi 技术在昆虫功能基因研究方面取得众多成功案例，然而在害虫防治方面的应用仍处于试验阶段。未来在物种有效性、干扰片段运送方式、脱靶现象等方面仍需要进一步的探索。

生物信息学技术与林业昆虫研究。生物信息学包含了生物数据的获取、处理、存储、分发、分析和挖掘等方面研究内容，通过运用数学、计算机科学的各种工具，来阐明和理解大量数据所包含的生物学意义。生物信息学的主要研究内容包括序列拼接和对比、序列的分子进化分析、蛋白质空间结构的预测、基因的预测和非编码 DNA功能研究等，进一步研究表达谱分析、转录组分析、代谢网络分析以及药物靶点筛选等。随着昆虫基因组测序技术的发展，目前世界范围内已经测出近百种的昆虫全基因组序列，其中就包括林业重大害虫美国白蛾、舞毒蛾、光肩星天牛、白蜡窄吉丁等，随着技术的发展，越来越多的林业昆虫将被测序，会出现海量的数据，生物信息学的应用价值将会越来越大。

植物抗虫基因工程是现代生物技术研究领域的重要成果，它的诞生为害虫的防治技术提供了一条崭新的途径。自 1987 年首次报道抗虫转基因植物以来，抗虫转基因马铃薯、棉花和玉米也进入了商品化生产。目前，已经克隆得到的抗虫基因根据其来源可以分为四大类：第一类是从细菌中分离出来的抗虫基因，主要是苏云金杆菌杀虫结晶蛋白基因，以及营养杀虫蛋白基因 Vip 系列等；第二类是从植物中分离出来的抗虫基因，主要为蛋白酶抑制剂基因、外源凝集素基因、淀粉酶抑制剂基因等；第三类是从动物体内分离到的毒素基因，主要有蝎毒素基因和蜘蛛毒素基因等；第四类是植物基因工程和 RNAi 的结合技术，即利用转基因植物表达可控制害虫的 dsRNA，从而稳定的控制该植物的重要害虫。

4）反向化学生态学技术在森林害虫管理中的应用。从植物或者昆虫本身分离、鉴定、验证对昆虫行为反应具有影响的活性物质，进一步利用这些活性物质或者活性物质的组合，在野外进一步验证其引诱、驱避的效果，从而开发森林昆虫的引诱剂或者驱避剂，这是传统化学生态学的研究思路。然而，对昆虫行为有影响的活性物质的鉴定，常常会出现各种问题，如忽略微量活性化合物、活性物质结构不稳定、筛选出的活性物质在实际引诱或者驱避中的效果不佳等。

反向化学生态学思路的出现，可以进一步改进和优化化学生态学研究中的瓶颈问题。反向化学生态学的研究基础，是对昆虫嗅觉分子机制的深入了解。昆虫对气味分子的识别是一个复杂的连锁反应过程，陆地动物嗅觉系统面临的一个重大挑战是：大多数的气味分子都是疏水性的，但是嗅觉神经元必须在一个水性环境下运作。因此，气味分子在到达受体时必须穿越一个液体环境。在哺乳动物和昆虫中，这个液流中都存在着高浓度的气味分子结合蛋白（OBPs）。其次，外界气味分子如何从化学结构信息转变为神经电信号是嗅觉识别的关键步骤，该转变依赖位于嗅觉神经元末梢膜上的气味受体（OR）。最后气味分子引起嗅觉神经兴奋，并传入中枢神经系统从而引发昆虫嗅觉行为。因此，昆虫对气味的外周识别过程中，两类分子起到了主导作用，一类是气味结合蛋白，它们能够初步识别和运输气味分子；另一类是气味受体，它们是识别气味分子的主体。上述两类分子的鉴定和蛋白功能研究，激发了以此为靶标高通量筛选未知的昆虫活性化合物、开发害虫行为调控新配方的反向化学生态学的发展。新寻找的化合物力求结构稳定、获得简便、成本低廉，为害虫高效的新型引诱剂或者驱避剂开发提供便利。然而，不仅仅是针对害虫本身，有益昆虫，如寄生蜂的利用，也可得益于反向化学生态学的发展。利用反向化学生态学技术，筛选能够高效、低成本引诱寄生蜂的试剂，可引诱天敌到重点保护林区，高效率控制害虫，达到保护森林的目的。

3. 实现路径

（1）关键问题与难点

从整体看，我国森林昆虫学科在近十余年已经取得很大的进步和发展。然而，我国与欧美等发达国家在森林昆虫学的产学研各环节的差距仍然十分巨大，单从我国的森林昆虫学与农业昆虫学相比，森林昆虫学研究的整体不足与差距还在进一步拉大。造成这种差距的主要原因之一有森林昆虫与农业昆虫研究难易程度不同的主观因素，另外国家对森林昆虫学研究的资金投入缺乏，以及学科自身的人才建设与培养短板也是造成这种差距的重要原因。

经费投入方面，相较国家财政在农业昆虫研究方面的投入，森林昆虫相关研究获批的国家财政支持很少。以"十三五"国家重点研发计划为例，涉及农业昆虫的相关研究主要包括"化学肥料和农药减施增效综合技术研发""粮食丰产增效科技创新""生物安全关键技术研发"和"农业面源和重金属污染农田综合防治与修复技术研发"等专项，其中仅中国农业科学院植物保护研究所自 2016 年以来就获批 15 项直接与农业昆虫相关的项目。然而，纵观整体科研布局，涉及森林昆虫相关的仅有"林业资源培育及高效利用技术创新"和"生物安全关键技术研发"2 个专项，而全国立项的直接与森林昆虫研究相关的专项项目仅 3 项。此外，"十一五""十二五"期间，获批立项的直接与农业昆虫相关的"国家重点基础研究发展计划（973 计划）"超过 10 项，而森林昆虫研究在历史上还从未有过"973 计划"的立项。

平台建设方面，森林昆虫相关的国家级科研平台建设明显不足。中国农业科学院植物保护研究所、中国科学院动物研究所、中山大学和福建农林大学分别建有植物病虫害生物学国家重点实验室、农业虫害鼠害综合治理研究国家重点实验室、有害生物控制与资源利用国家重点实验室和闽台作物有害生物生态防控国家重点实验室，而至今全国尚无与森林昆虫相关的国家重点实验室。

人才建设和培养方面，森林昆虫学科在人才建设和培养中也相对不足。首先，森林昆虫学科长期缺乏高层次人才引进。近年来从事森林昆虫学研究的单位缺乏"千人计划"和"青年千人计划"等海外高层次人才引进项目。其次，目前从事森林昆虫学研究的科学家中比较缺乏涉足和了解多学科、多领域的交叉型人才，并且针对这类人才的培养力度小。以当前从事林木害虫功能基因组领域研究的科学家为例，绝大多数科学家仅具有生物学专业知识，而缺乏数学、计算机科学和信息学知识背景，大量的数据挖掘和分析需要依靠质量参差不齐的商业公司来完成，造成了我们在科学研究中不能占领主导地位。

综上所述，由于长期以来的经费投入和平台建设不足、人才建设和培养力度不够等原因，直接造成我国森林昆虫学相关研究缺乏系统性，原始创新弱，且一直处于跟跑我国农业昆虫研究的局面，对我们完成该学科中短期目标提出了严峻的挑战。

（2）解决策略

稳定的支持是基础。要争取获得更多持续稳定的项目支持，以便对当前和今后较长时间内森林昆虫学热点和难点问题进行系统研究。另外，硬件平台是学科发展的基础，优秀的平台可为学科发展提供保障。在争取国家直接项目支持的同时，争取获得国家资源来建立稳定的硬件平台，实现森林昆虫学国家级科研平台零的突破。

人才建设是核心。在现有学科队伍群基础上，着手规划并启动稳步和持续的高层次人才引进政策，定向引进和鼓励不同知识背景的中青年科学家加入森林昆虫学研究队伍中，形成专业互补的科研团体。加强中青年科学家的国际交流，鼓励和支持更多的青年科学家到欧美等发达国家的高水平实验室学习，把握学科发展的国际前沿。

学科融合是关键。森林昆虫学的发展绝不仅仅是依靠本学科内的知识架构来维持和推动。森林昆虫学归根结底还是一门生命科学，它的发展需要以生物学、生态学为基础，以数学、化学等传统学科为推动，以计算机科学、信息学为创新。当前森林昆虫学科诸如害虫快速识别与鉴定、功能基因组等热点研究内容无一不要求多学科、多背景的融会贯通。因此，加强学科交流与融合，形成不同知识背景的学科群是加速森林昆虫学科发展的关键。

（3）时间节点

1）2018—2025年：承担国家重点研发专项项目3—5项，培养具有国际视野森林昆虫人才30—50名，引进国内外人才15人左右，申报成功1—2个国家级平台、2—5个部级平台。

2）2025—2030年：通过前期3—5项重点研发项目的实施，争取国家重点研发专项森林保护方向的立项，承担重点研发专项项目10项以上。培养国际知名森林昆虫人才50名，引进国内外人才30—50人，申报成功5个国家级平台、10个部级平台。

3）2030—2035年：在前期重点研发专项实施和国家级、部级平台运行的基础上，保证森林保护方向每个5年计划拿到5个项目以上；平台运行良好，产出稳定，能保障行业的需要。

（三）中长期（2036—2050年）

1. 目标

在森林生态系统调控林草有害生物基础研究领域取得重大原始创新；林草有害生物防控技术的研发创新能力整体达到与发达国家"并跑"水平；厚植一批具有国际竞争力的资源昆虫产业；建设一批具有国际影响力的学术交流与合作平台；培养一批德才兼备、热爱林业、富有创新和奉献精神的世界级领军人才。

2. 主要任务

（1）基础研究和理论创新

深度融合不同学科和现代信息技术等，在以下基础研究领域取得重大原始创新或理论创新：①森林生态系统对林草有害生物灾变规律的识别、响应与调控机制。②智能化调控林草有害生物森林生态系统的模拟、构建、优化及其机制。③森林昆虫的分类区系等研究。

（2）技术创新

研发林草有害生物的新型调控技术，集成和升级已有防控技术，通过对不同学科和技术的深度融合，实现林草有害生物监测、检疫和防控上的绿色化、精准化、高效化和智能化。

（3）人才培养

坚持引进与培养并举，重在自我培养的人才指导思想，培育一批德才兼备、勇于创新、富有挑战和奉献精神的世界级科研领军人才；培养一支结构合理、热爱林业、在数量和质量上具有国际竞争力的森林昆虫学队伍。

（4）平台建设

重点建设一批在林草昆虫学研究领域具有显著国际影响力的学术合作与交流平台，发挥其在行业中的引领作用。

3. 实现路径

在基础研究领域，国家科技主管部门应重视和加强对基础研究的支持力度，要制定中长期研究计划，鼓励重大原始创新。在技术创新领域，支持和鼓励不同学科和技术的深度融合，创新和发展林草有害生物调控新技术。按照引进和培养并举、重在自我培养的方针，做好领军人才的培育工作，同时重视其他不同层次人才的培养工作。逐步改变现行的教育模式和制度，鼓励学科交叉，有意识培养具有交叉学科思维的复合型技术人才。

4. 问题与难点

森林昆虫学科存在的问题与难点主要表现在四个方面：一是原始创新能力不强，研究多为跟踪模仿，重大原创性成果较少。二是研究缺乏连续性和系统性，受科研经费资助限制，长期坚持和致力于某一主题研究的科研人员较少。三是科研链条有待完善，"基础研究—技术研发—示范应用"科研链条中缺乏有效衔接。四是缺乏世界一流的青年高端人才。

5. 解决策略

设立专门基金，确保森林昆虫学关键领域研究的系统性和连续性。完善人才评价体系，使整个研发链条中不同类型的科研人员均能够人尽其才。

（四）路线图

围绕国家对森林生态系统服务功能的需求，森林昆虫学科以森林生态系统中害虫的有效治理为目标，提出了森林昆虫学科存在的四个重大问题：第一，基础研究薄弱，难以深入；第二，技术开发与基础研究脱节；第三，新技术进步在林业害虫研究中应用滞后；第四，缺乏害虫绿色防控新技术的创新研发。

针对不同问题提出了不同的创新方向，如图6-7所示。例如对于基础研究薄弱，难以深入，提出了5个创新方向：气候变化背景下森林昆虫生物学特性变异；新入侵森林昆虫的生物生态学特性探究；森林虫害、病害、植物协同机制；重大森林害虫详细生物学习性；从生态系统的角度明确森林昆虫的作用。

　　针对新技术进步在林业害虫研究中应用的问题，提出生物技术揭示害虫生物学、行为学及危害机制；生物信息学技术与森林昆虫基因功能研究；3S 结合人工智能技术对森林害虫监测预报 3 个创新方向。

　　针对防控技术创新落后，提出从优秀生防物的发掘和控害能力提升以及生物防治与其他治理手段高效结合 2 个创新方向。综合创新链的方向，制定出 7 个方面的具体研究任务，阐明害虫应对全球气候变化的策略，揭示害虫生物生态学的变异；揭示复杂生态系统中，虫、病、树以及天敌的协同进化机制；建立至少 30 种以上重大林业害虫全基因组数据库并注释；筛选特定基因片段、重大害虫全基因组及功能分析；基因编辑技术等技术全面应用于森林昆虫研究；揭示害虫入侵定殖机制从而控制入侵害虫；寻找新的高效生防物，利用生物技术等新技术提高控害力。完成任务链的内容后，森林昆虫基础研究将得到加强，突破主要害虫防控关键和共性技术，提高森林昆虫学科的研发水平和创新能力。

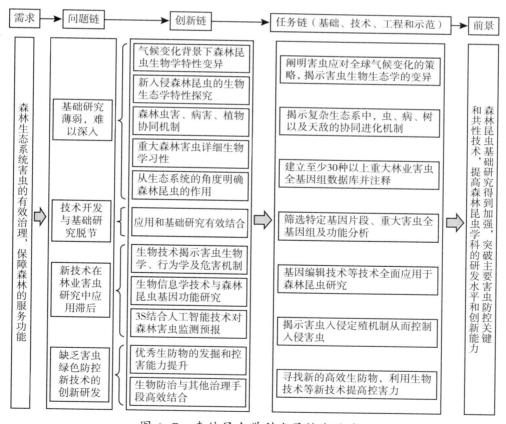

图 6-7　森林昆虫学科发展技术路线

参考文献

[1] Ciesla WM. Forest Entomology: A Global Perspective [M]. A John Wiley & Sons, Ltd., Publication 2011.

[2] Coulson RN, Witter J A. Forest Entomology: Ecology and Management [M]. John Wiley and Sons, New York, 1984.

[3] 曾凡勇. 中国森林保护学科发展历程研究 [D]. 中国林业科学研究院, 2016.

[4] 陈晓鸣, 冯颖. 资源昆虫学概论 [M]. 北京: 科学出版社, 2009.

[5] 昆虫学名词审定委员会. 昆虫学名词 [M]. 北京: 科学出版社, 2000.

[6] 李振宇. 中国外来入侵种 [M]. 北京: 中国林业出版社, 2002.

[7] 任东. 重构符合自然历史的演化树是系统生物学的终极目标 [J]. 昆虫学报, 2017, 60 (6): 699-709.

[8] 吴坚. 我国林业外来有害生物入侵现状及防控对策 [J]. 科技导报, 2004, 22 (4): 41-44.

[9] 吴孔明. 我国农业昆虫学的现状及发展策略 [J]. 植物保护, 2010, 36 (2): 1-4.

[10] 萧刚柔. 中国森林昆虫 (第2版) [M]. 北京: 中国林业出版社, 1992.

[11] 杨忠岐. 利用天敌昆虫控制我国重大林木害虫研究进展 [M]. 中国生物防治, 2004, 20 (4): 221-227.

[12] 张传溪. 中国农业昆虫基因组学研究概况与展望 [J]. 中国农业科学, 2015, 48 (17): 3454-3462.

[13] 张龙. 昆虫感觉气味的细胞与分子机制研究进展 [J]. 应用昆虫学报, 2009, 46 (4): 3-4.

[14] 中国可持续发展研究会. 2049年中国科技与社会愿景: 生物技术与未来农业 [M]. 北京: 中国科学技术出版社, 2016.

[15] 中国林学会. 2016—2017林业科学学科发展报告 [M]. 北京: 中国科学技术出版社, 2018.

[16] 中国昆虫学会. 2016—2017昆虫学科发展报告 [M]. 北京: 中国科学技术出版社, 2018.

撰 稿 人

骆有庆　王小艺　张彦龙　宗世祥　石　娟　张苏芳　曲良建　曹传旺　魏　可

张永安　温秀军　王　敦　贺　虹　朱家颖　王　梅　任　东　高亿波

第七章 森林病理

一、引言

森林病理学是研究林木病害发生与成灾原因、发展与流行规律、监测与防治技术、病害与森林生态系统关系的一门应用科学。核心任务是以维护森林健康和生态安全为目标，为林木病害的可持续管理提供理论与技术支撑，培养森林病理学高水平创新型人才。

我国是一个森林资源相对匮乏的国家，现有森林面积2.08亿公顷，森林蓄积151.37亿立方米，人均森林面积和森林蓄积分别仅为世界人均水平的1/4和1/7，森林资源供给不足已成为制约我国国民经济快速健康发展的严重问题。林木病害的发生和危害也一直威胁着我国生态安全和森林健康，特别是随着全球气候变化、我国人工林面积的不断扩大和"一带一路"等国家战略的实施，森林病原物的入侵和传播速度不断加快，林木病害的发生区域不断扩张，导致我国森林资源受病害的威胁不断加重，防控形势十分严峻。同时，由于病原物的物种多样性、种群多样性在不断发生变化，新的病害不断涌出，有些次要病害上升为主要病害，导致病害区域性爆发流行。再加上对于病害发生的生态学过程与防治技术研究需求的不断增大，对林木病害的防控提出了新的挑战。目前，林木病害已经成为严重制约我国森林健康持续发展的重要因素。国内外长期的林木病害防控实践证明，加强林木病害的病原与发生成灾机制、病害的流行与监测、病害的防治技术等方面的研究，不仅是解决病害防治问题的基础，也是合理有效控制林木病害的根本途径。

（1）加强林木病害的病原学与成灾机制研究

重点开展林木病害病原物种类多样性与致病力分化、种群形成与扩张机制、森林生态系统与病原物消长关系等研究，揭示森林重要病原物毒力因子和寄主抗性互作的分子调控网络机制，形成重要病原物与寄主互作的理论基础，为科学制定病害的防控策略和技术奠定基础。

（2）加强林木病害的流行规律与监测技术研究

重点阐明病原物的分布模式及其驱动机制，弄清病害时空尺度下的流行规律，探索全球气候变化下病原物及病害的发展格局与流行动态，构建病害流行监测预警技术体系，实现对潜在重大危险性林木病害的监测和预警。

（3）加强以生态调控为核心的林木病害绿色防控技术研究

发展立地因子、寄主抗性、有益微生物和林分经营管理等因素介导的林木病害生态调控理论，建立基于有益微生物及其代谢调控理论、优良抗病材料应用以及免疫调控为基础的病害控制技术，为人工林健康经营提供重要技术支撑。

二、国内外发展现状的分析评估

（一）国内外现状

1. 重大林木病害的病原及其多样性研究取得长足进步，但病害流行成灾机制和远程诊断技术研究尚需加强

目前国内外主要围绕松材线虫病、树木溃疡病、炭疽病、枯萎病等重大生物灾害，利用多基因序列的系统发育分析和形态学分析相结合的方法，开展了林木病害及病原多样性、科学诊断及病原物扩散流行的跨域成灾规律等方面的研究，但关于林木病害病原物的广域分子生态适应性、入侵生物的生物学特性及扩散机制和远程诊断技术研究尚需加强。

2. 重大林木病害的致病机理取得长足进步，但病原物与寄主互作的分子机制研究尚需加强

目前国内外在组织、生理生化和分子水平等不同层面对病原物与寄主的互作机理进行了研究，揭示了包括松材线虫病、栎树枯萎病、杨树溃疡病等病害的一些致病分子机制，但以上研究内容的广度和深度上都还难于全面揭示病原物致病性形成与寄主抗/感病性形成的分子机制，且原始创新相对不足。

3. 重大林木病害诊断技术日趋完善，但在病害大尺度的监测与早期预警研究尚需加强

由于林木病原物的种类多样性和种内丰富的遗传变异，开展病原物的准确鉴定、病害诊断和早期监测和风险预警对病害的前期防控显得尤为重要。目前国内外主要围绕松材线虫病、林木炭疽病、枯萎病和腐朽病等重大病害开展相关的形态学鉴定和分子检测技术，实现了重大危险性病原物的快速检测。但关于病害的早期检测和风险预警等方面的研究则相对滞后，特别是森林病理学与智能大数据、卫星遥感数据和无人机技术等方面的交叉研究存在明显不足，难于满足病害大尺度监测和风险预警的需要。

4. 林木病害的防治过度依赖化学农药，绿色、可持续的病害防治技术的研究尚需加强

化学防治仍是目前国内外林木病害防控的主要手段措施，但化学农药的过度使用带来了严重的生态安全等问题，因此生物农药的研发、抗病品种选育与快繁，以及基于林木微生物组学研究的可持续防控将是今后的重要发展方向，尤其是可持续控制技术的集成与推广应用还有待于进一步加强。

（二）研究前沿、热点

1. 全球气候变化背景下跨域流行病害多样性、快速诊断及成灾机制研究

目前已应用全基因组系统发育揭示跨域及外来病原物的进化关系及遗传谱系、阐明病原物在不同空间尺度下种群间的结构差异和动态变化规律，揭示广域病害多样性、地理分布空间格局的形成及地理扩张的分子与生态基础、入侵病原物的生物学及洲际传播与成灾机制，为病害的科学诊断及监测预警提供理论和技术支撑。

2. 病原与寄主分子互作机制研究

世界各国已应用全基因组关联分析、基因编辑、组学分析和系统生物学等多种技术方法阐述病原与寄主分子互作信号传导途径、表观遗传学等特征，揭示病害发生和成灾的分子遗传代谢途径和调控网络。

3. 重大危险性林木病害快速精准、智慧远程的监测预警和生态防控技术研究

基于移动互联技术、智能大数据平台及分析、生物组学、无人机、多维数据有效融合技术和物联－互联－移动终端枢纽网络系统和天－地－空一体化等智能监控系统组建已经成为高效精准远程监测预警技术体系研究和应用的重点；基于森林微生物组学的抗性介导微生物组装以及代谢调控和提高寄主免疫诱导抗性活性物质的筛选和应用是林木病害绿色和生态调控技术研究的前沿和热点。

三、国际未来发展方向的预测与展望

（一）未来发展方向

1. 系统阐明病害发生与成灾机制

对森林病原物进行准确的分类鉴定，构建重要病原物全基因组数据库以及病原物、寄主和病害地理分布信息数据库，预测侵染性病害的发生与危害，完成各树种病害诊断与信息咨询系统。强化病原物个体和种群基础生物学研究，包括不同地理株系或种群的亲缘关系、重大病原物种内基因型的构成及其致病性分化特征和基因结构差异等。解析林木与病原互作的遗传网络，鉴定林木免疫系统关键组分，阐明林木应答病原菌侵染的分子机制。提升对病原主导性病害、寄主主导性病害的致灾原因、致灾机制等的认知水平。

2. 揭示病害流行规律，构建智能化的病害监测技术体系

揭示病害在不同时间和空间尺度的发生、发展趋势，溯源病原物的地理起源或者地理分布中心区域，厘清病原物的传播路径；揭示广布型森林病原物扩散流行的环境驱动力及其分子基础；预测病害在特定时期和地理区域的发生、发展趋势。促进林木病害的监测及预警理论和方法朝着多分支深化与综合性体系形成的双路径发展。具体为采用智能软件、移动互联方法、大数据分析平台、无人机航拍、卫星数据等对潜在重大危险性病害进行高效、准确的监测和预警。

3. 实现基于生态调控的林木病害可持续有效防控

重点从结构和组成方面研究森林生态系统对病害的自我调控功能，揭示森林生态系统的自我维持机制。解析抗病表型关联的森林微生物组结构与功能，阐明森林有益微生物、森林病原物及其他微生物之间的互作关系和规律。制定生态安全、高效的生物防治措施。强化抗性差异林木遗传材料的收集、保存、评价和利用，加强抗病林木遗传材料的选育与转化利用。

（二）重点技术

1）建立基于病原生物分子标记和免疫学检测的林间原位检测技术；发展基于病害互作代谢、生理生化、光电特征的精准病原检测和病害诊断技术。

2）建立病原物与寄主互作中特征代谢物的痕量化学分析技术；基于多组学的病原物关键致病因子及其介导的信号通路网络化分析技术。

3）整合包括病害流行生态过程中生物、环境和气候元数据的高效、准确的人工智能型林木病害监测和预警技术。

4）发展基于寄主全基因组抗病性分子标记的林木病害抗性资源发掘与利用技术；建立基于有益微生物及其代谢物的诱导林木系统抗病技术；建立以林业防治为基础，生物防治为核心的生态调控技术，创建林木病害绿色高效防控技术体系。

四、国内发展的分析与规划路线图

（一）需求

随着我国人工林面积持续扩大，以及全球气候变化和国际贸易的全球化，我国林木病害的发生区域不断增加，直接威胁着我国森林资源的战略安全，也是制约我国森林资源增长、生态安全和林业可持续发展的关键因素之一，实现重大林木病害的有效防控是国家的重大战略需求。因此，阐明我国重大林木病害的病原物多样性，探究外来病原生物的入侵定殖机制，实现对重大危险性林木病害的快速诊断；揭示病害在特定时期和地理区域的发展趋势，实现对病害发生的准确监测和预警；揭示林木与病原物互作的分子机制；通过基于生态调控为主的综合防治技术实现重大林木病害的可持

续控制，对我国林木病害的防控具有重大意义。

（二）中短期（2018—2035 年）

1. 目标

（1）在科学研究方面

围绕重大林木病害的病原学、外来病原生物入侵成灾机制、病原物与寄主互作机理、林木病害流行与成灾机制、林木病害生态调控理论等科学问题，综合现代生物学理论与技术和大数据等平台，力争在重大林木病害的成灾机制、流行规律和生态调控等基础理论方面取得一批重大突破，推动我国森林病理学理论研究水平整体实现由国际"总体跟跑"到"总体并跑，局部领先"的阶段性发展目标。

（2）在技术创新方面

围绕重大林木病害病原快速诊断、病害的监测预警、病害的绿色防控等林木病害防控的实际需求和问题，充分利用大数据、物联网、现代生物技术和先进工业制造等关键技术，开发一批重大林木病害的智能识别、病害监测预警、病害防控技术与装备，实现林木病害防控取得重大技术突破的阶段性目标。

2. 主要任务

2018—2025 年：实现对我国人工林主要病害的准确诊断与病原物的快速鉴定，分析不同时空条件下病原物的多样性和基因流特征；揭示人工林重大病害形成的生物学特性，病原物的表型可塑性变异及其生态适应性；解析天然林生态系统对主要病害的自我调控机制。

2026—2030 年：建成我国人工林重要病原物的资源库和基因片段序列共享数据库；揭示病原物重要性状关键调控因子的作用机制；开发基于天空地数据融合平台和病害智能化监测技术体系；解析寄主抗病性变化特征及其抗性形成的生理与分子基础；开展人工林中微生物群落结构和功能，组装防控重大人工林病害的介导微生物组，研发基于人工林微生物组的生物防治技术。

2031—2035 年：解析林木病害地理分布空间格局的形成及地理扩张的分子与生态基础；揭示病原物效应分子跨界转运和修饰植物免疫系统的分子信号途径；阐明林木病害形成与流行机制；建立林木优良抗病资源的高效、规模化繁育技术，建成以抗病育种、生防微生物和营林措施相结合的人工林重大病害绿色、可持续防控技术体系。

3. 实现路径

（1）关键问题与难点

我国森林病理学发展起步较晚，基础研究相对薄弱，原始创新能力较弱，尤其在国际前沿性重大基础理论研究方面与欧美发达国家还存在一定的差距，关键技术短板明显，严重制约着我国森林病理学理论和技术发展。如对复杂病害系统致病机制的解析还不够深入。此外，由于目前林木的遗传操作系统主要集中在杨树等模式植物，其他林木高效遗传转化系统的缺乏也是制约病原物与林木互作分子机制研究的重要限制因素。同时，由于林木病害生态调控理论的基础研究还较为薄弱，使得通过利用天然林自组织的生态调控功能与机制指导人工林病害控制实践还十分有限。

（2）解决策略

整合发展全国的森林病理学研究力量，加强同其他多学科的协作，构建重大林木病害多样性、病害诊断、病害监测与预警、病害绿色生态防控等基础理论和技术创新，重点提升林木－病原物分子互作的遗传研究平台水平，解析病原物与林木互作的分子机制。进一步开发基于生态调控理论的病害防控技术，深入揭示林木、动物、微生物等多物种的种内与种间互作的化学通信机制。构建病害防御性介导微生物组和病害诱导抗性代谢组，阐明基于人工林微生物组和代谢组的生物防治原理，突破生物农药生产和应用的瓶颈问题，以松、杉、杨、桉等主要人工林树种为对象，建立重大病害的绿色高效防治技术体系，实现病害的有效防控。

（三）中长期（2036－2050 年）

1. 学科发展目标

以保护我国森林资源、保障林业可持续发展为目标，不断创新理论与防控技术，使森林病理学研究水平和影响力进入世界前列，在预防和减轻病害造成生态、经济和社会损失等方面发挥更加突出的作用，为维护国家生态安全，推动国民经济快速、健康发展提供理论基础和技术支撑。

2. 学科发展主要任务

建成我国林木病害高效智能的监测和预警技术体系，揭示重要病原物的关键生物学特性及遗传基础，阐明病原物群体与森林生态系统间互作分子基础，构建森林重大病害生态调控技术体系。

3. 关键问题与难点

我国林木病害的防控技术体系尽管经过了 60 多年的不断完善，但是可持续控制林木病害的核心技术问题仍未取得突破性进展，根本原因在于林木病害种群暴发与流行的机制以及森林生态系统调控病害的驱动机制等研究一直未能取得突破。从结构和组成方面研究天然林生态系统对病害的自我调控功能，揭示天然林生态系统的自我维持机制以及人工林如何借鉴这种自我维持机制实现病害的可持续控制，也是急需解决的重点和难点问题。以此为基础，将极大地提高和完善我国森林保护的理论和技术水平，实现林业病害的可持续控制。

4. 发展策略

鼓励和引导与相关学科间交叉，加强同国内外一流学术机构间的交流合作，推动建设构建国际化的森林病理学科发展联盟，巩固和加强学科服务国家重大战略需要的能力。

在森林病理学的基础研究方面，围绕病原物与林木互作机制等重大科学问题开展原始创新，多维度解析病害流行与成灾的机制，提升重大原始创新成果的产出能力，将森林病理学的理论基础研究能力带入世界一流水平。

在林木病害的防控技术领域，借鉴、吸收相关技术领域的最新成果，提升林木病害诊断、监测与预警、生态防控等方面的技术水平，推动建成具有世界领先水平的林木病害防控技术体系。

（四）路线图

森林病理学将重点开展林木病害的病原学、病理学、病害流行成灾机理和重大林木病害监测预警和防控技术等方面研究，建立我国林木病害监测预警、检疫御灾、防治减灾技术体系，达到增强林木病害防控的科技支撑能力、保障森林资源和国土生态安全的目标（如图 7–1，表 7–1）。

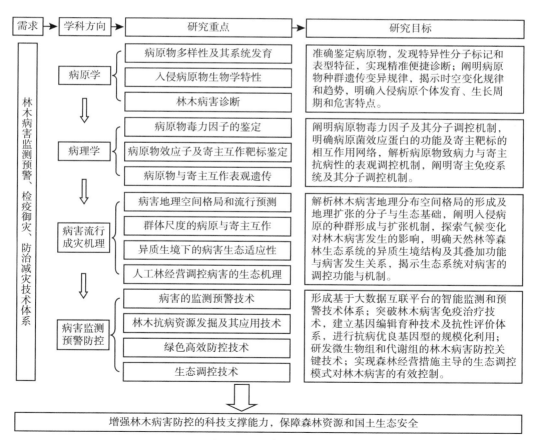

图 7–1　森林病理学科发展技术路线

	2018 年	2025 年	2035 年	2045 年	2050 年
发展目标	1. 重大人工林病害防控理论取得关键突破，实现与国际先进水平的"总体并跑，局部领先" 2. 开发一批重大林木病害的智能识别、病害监测预警、病害防控技术与装备			人工林病害的成灾机制与防控技术的重大突破，形成成灾理论与防控技术的重大原创性成果	
	人工林重大病害防控的理论和技术的原始创新明显提升，我国森林病理学整体水平进入世界前列				
主要任务	1. 实现人工林主要病害的准确诊断与快速鉴定 2. 揭示人工林重大病害成灾机制 3. 研发基于大数据的病害监测与预警平台 4. 建成以抗病育种、生防微生物和营林措施相结合的病害生态调控技术体系			人工林主要病害早期预警、快速诊断、病害防治等方面的高效化和智能化	
	建成我国人工林病害智能化的监测和预警技术体系；形成具有我国自主知识产权的人工林重大病害的防控基础理论和产品装备				
关键问题与难点	1. 复杂病害系统的成灾机制解析 2. 大数据、微信遥感、智能识别等技术在林木病害系统监测与早期预警中的应用还较欠缺 3. 林木病害生态调控的理论体系和应用实践还有待于进一步加强			大数据、人工智能、互联网＋等技术与重大人工林病害研究与应用的深度融合	
	森林病理学与大数据、遥感、装备制造等领域的交叉与深度融合				
发展策略	1. 加强多学科的协作，重点提升林木—病原物分子互作的遗传研究平台水平 2. 提升森林病理病害监测、预警和防治技术的信息化和智能化水平 3. 完善基于生态调控理论的病害防控技术			加强大数据、人工智能、互联网＋等技术在重大人工林病害研究与防控中的应用，提升病害防控的智能化水平	
	加强国际教育与合作，融合相关学科领域研究前沿，提升原始创新能力，加强森林病理学高层次人才的培养				

表 7-1　森林病理学科发展进程规划

（1）林木病害的病原学方面

重点开展病原物多样性及其系统发育、入侵病原物生物学特性、林木病害诊断技术等方面的研究，实现病原物的准确鉴定，发现特异性分子标记和表型特征，实现林木病害的精准便捷诊断；阐明病原物种群遗传变异规律，揭示时空变化规律和趋势，明确入侵病原个体发育、生长周期和危害特点，为林木病害预警提供依据。

（2）病理学方面

重点开展病原物毒力因子的鉴定、病原物效应子及寄主互作靶标鉴定、病原物与寄主互作表观遗传学等方面的研究，阐明病原物毒力因子及其分子调控机制，明确病原菌效应蛋白的功能及寄主靶标的相互作用网络，解析病原物致病力与寄主抗病性的表观调控机制，阐明寄主免疫系统及其分子调控机制。

（3）病害流行成灾机理方面

重点开展病害地理空间格局和流行预测、群体尺度的病原与寄主互作、异质生境下的病害生态适应性、人工林经营调控病害的生态机理等方面的研究，解析林木病害地理分布空间格局的形成及地理扩张的分子与生态基础，阐明入侵病原的种群形成与扩张机制，探索气候变化对林木病害发生的影响，明确天然林等森林生态系统的异质生境结构及其叠加功能与病害发生关系，揭示生态系统对病害的调控功能与机制。

（4）林木病害监测预警和防控技术方面

重点开展病害的监测预警技术、林木抗病资源发掘及其应用技术、绿色高效防控技术、生态调控技术等方面的研究，形成基于大数据互联平台的智能监测和预警技术体系；突破林木病害免疫治疗技术，建立基因编辑育种技术及抗性评价体系，进行抗病优良基因型的规模化利用；研发微生物组和代谢组的林木病害防控关键技术；实现森林经营措施主导的生态调控模式对林木病害的有效控制。

参考文献

［1］ Aylward J, Steenkamp ET, Dreyer LL, et al. A plant pathology perspective of fungal genome sequencing ［J］. IMA Fungus, 2017, 8（1）: 1–15.

［2］ Baldrian P. Forest microbiome: diversity, complexity and dynamics ［J］. FEMS Microbiology Reviews, 2016, 41（2）: 109–130.

［3］ Boyd IL, Freer-Smith PH, Gilligan CA, et al. The consequence of tree pests and diseases for ecosystem services ［J］. Science, 2013, 342（6160）: 1235773.

［4］ Cook DE, Mesarich CH, Thomma BP. Understanding plant immunity as a surveillance system to detect invasion ［J］. Annual Review of Phytopathology, 2015, 53: 541–563.

［5］ Couto D, Zipfel C. Regulation of pattern recognition receptor signalling in plants ［J］. Nature Reviews Immunology, 2016, 16（9）: 537–552.

［6］ Dodds PN, Rathjen JP. Plant immunity: towards an integrated view of plant-pathogen interactions ［J］. Nature Reviews Genetics, 2010, 11（8）: 539–548.

［7］ Fisher MC, Henk DA, Briggs CJ et al. Emerging fungal threats to animal, plant and ecosystem health ［J］. Nature, 2012, 484（7393）: 186–194.

［8］ Ghelardini L, Pepori AL, Luchi N, et al. Drivers of emerging fungal diseases of forest trees ［J］. Forest Ecology and Management, 2016, 381: 235–246.

［9］ Gladieux P, Feurtey A, Hood ME et al. The population biology of fungal invasions ［J］. Molecular Ecology, 2015, 24（9）: 1969–1986.

［10］ Hardoim PR, van Overbeek LS, Berg G. The hidden world within plants: ecological and evolutionary considerations for defining functioning of microbial endophytes ［J］. Microbiology and Molecular

Biology Reviews, 2015, 79（3）: 293–320.

［11］Jones JDG, Dangl JL. The plant immune system［J］. Nature, 2006, 444（7117）: 323–329.

［12］Kanchiswamy CN, Malnoy M, Maffei ME. Bioprospecting bacterial and fungal volatiles for sustainable agriculture［J］. Trends in Plant Science, 2015, 20（4）: 206–211.

［13］Leach J E, Triplett LR, Argueso CT, Trivedi P. Communication in the phytobiome［J］. Cell, 2017, 169（4）: 587–596.

［14］Mercado-Blanco J, Abrantes I, Caracciolo AB, et al. Belowground microbiota and the health of tree crops［J］. Frontiers in microbiology, 2018, 9: 1006.

［15］Millar CI, Stephenson NL. Temperate forest health in an era of emerging megadisturbance［J］. Science, 2015, 349（6250）: 823–826.

［16］Oliveira-Garcia E, Valent B. How eukaryotic filamentous pathogens evade plant recognition［J］. Current Opinion in Microbiology, 2015, 26: 92–101.

［17］Oyserman BO, Medema MH, Raaijmakers JM. Road MAPs to engineer host microbiomes［J］. Current Opinion in Microbiology, 2018, 43: 46–54.

［18］Raffaele S, Kamoun S. Genome evolution in filamentous plant pathogens: why bigger can be better［J］. Nature Reviews Microbiology, 2012, 10（6）: 417–430.

［19］Sanchez-Vallet A, Fouche S, Fudal I, et al. The genome biology of effector gene evolution in filamentous plant pathogens［J］. Annual Review of Phytopathology, 2018, 56（1）: 21–40.

［20］Santini A, Ghelardini L, de Pace C, et al. Biogeographical patterns and determinants of invasion by forest pathogens in Europe［J］. New Phytologist, 2013, 197（1）: 238 - 250.

［21］Schmidt R, Cordovez V, de Boer W, et al. Volatile affairs in microbial interactions［J］. The ISME Journal, 2015, 9（11）: 2329–2335.

［22］Sebastien M, Margarita M, Haissam JM. Biological control in the microbiome era: challenges and opportunities［J］. Biological Control, 2015, 89: 98–108.

［23］Sergaki C, Lagunas B, Lidbury I, et al. Challenges and approaches in microbiome research: from fundamental to applied［J］. Frontiers in Plant Science, 2018, 9: 1205.

［24］Song S, Liang L, Edwards SV, Wu S. Resolving conflict in eutherian mammal phylogeny using phylogenomics and the multispecies coalescent model［J］. Proceedings of the National Academy of Sciences of the United States of America, 2012, 109（37）: 14942–14947.

［25］Terhonen E, Blumenstein K, Kovalchuk A, et al. Forest tree microbiomes and associated fungal endophytes: functional roles and impact on forest health［J］. Forests, 2019, 10: 42.

［26］Toruno TY, Stergiopoulos I, Coaker G. Plant-pathogen effectors: cellular probes interfering with plant defenses in spatial and temporal manners［J］. Annual Review of Phytopathology, 2016, 54: 419–441.

［27］van der Does HC, Rep M. Adaptation to the host environment by plant-pathogenic fungi［J］. Annual Review of Phytopathology, 2017, 55: 427–450.

［28］Weiberg A, Wang M, Bellinger M, et al. Small RNAs: a new paradigm in plant-microbe interactions［J］. Annual Review of Phytopathology, 2014, 52: 495–516.

［29］Wingfield MJ，Brockerhoff EG，Wingfield BD，et al．Planted forest health：the need for a global strategy［J］．Science，2015，349（6250）：832-836．

［30］Wirthmueller L，Maqbool A，Banfield MJ．On the front line：structural insights into plant-pathogen interactions［J］．Nature Reviews Microbiology，2013，11（11）：761-776．

［31］Yi M，Valent B．Communication between filamentous pathogens and plants at the biotrophic interface［J］．Annual Review of Phytopathology，2013，51：587-611．

［32］Zipfel C，Na R，Gijzen M．Escaping host immunity：New tricks for plant pathogens［J］．PLoS Pathogens，2016，12（7）：e1005631．

［33］Zuzarte-Luis V，Mota MM．Parasite sensing of host nutrients and environmental cues［J］．Cell Host Microbe，2018，23（6）：749-758．

［34］梁军，孙志强，乔杰，等．天然林生态系统稳定性与病虫害干扰——调控与被调控［J］．生态学报，2010，30（9）：2454-2464．

［35］梁军，张星耀．森林有害生物生态控制［J］．林业科学，2005（4）：168-176．

［36］梁军，朱彦鹏，孙志强，等．森林生态系统组成和结构与病虫害防治［J］．中国森林病虫，2012，31（5）：7-12．

［37］刘春兴．森林生物灾害管理与法制研究［D］．北京：北京林业大学．2011．

［38］吕全，张星耀，梁军，等．当代森林病理学的特征［J］．林业科学，2012，48（7）：134-144．

［39］张星耀，骆有庆，叶建仁，等．国家林业新时期的森林生物灾害研究［J］．中国森林病虫，2004（6）：8-12．

［40］张星耀，吕全，冯益明，等．中国松材线虫病危险性评估及对策［M］．北京：科学出版社，2011：1-11．

［41］张星耀，吕全，梁军，等．中国森林保护亟待解决的若干科学问题［J］．中国森林病虫，2012，31（5）：1-6，12．

［42］中国林学会．2016—2017林业科学学科发展报告［M］．北京：中国科学技术出版社，2018．

撰稿人

叶建仁　田呈明　黄　麟　吕　全　王永林　梁　军　吴小芹　周国英　冉隆贤
陈凤毛　杨　斌　严东辉　胡加付　刘振宇　刘会香　陈帅飞　理永霞　任嘉红
朱丽华　李　河　赵长林

第八章　森林防火

一、引言

森林防火学是研究森林火灾基本原理、林火预防和扑救以及营林用火技术与理论的科学。森林防火是一种庞大的复杂系统，为了减少森林火灾的发生，必须对森林火灾发生、发展的规律和机制、森林火灾的预防预测和扑救控制能力等进行全方位的研究，这样才能将森林火灾的危害和损失降到最低限度。各林业先进国家都非常重视森林防火的研究工作，并且大多数国家设有专门的林火研究机构，在涉及林火的各个方面进行了较深入的研究。

在森林火险与火行为预报技术方面，发展了人为火和雷击火预报模型和火行为预报模型，形成了火行为预测预报系统，比如火行为模拟系统（BehavePlus Fire Modeling system，BehavePlus）、火蔓延模拟（Fire Area Simulator，FarSite）、火蔓延分析系统（FlamMap Fire Mapping and analysis system，FlamMap）。在林火信息化管理技术方面，通过火灾预防、监测、扑救的信息一体化建设平台，建立林火管理与指挥系统，实现森林火险预报、林火行为预报、扑救指挥辅助决策、档案管理和扑火资源信息管理等功能。在林火监测的新技术方面，卫星遥感在林火探测上不断得到应用，航空红外林火探测技术应用越来越普遍。林火扑救技术与手段不断得到更新，如森林消防车、大型专用灭火飞机等扑火设备用于扑救森林火灾。新型环保的化学灭火剂正在用于阻隔林火，提高了灭火的效率。

随着卫星遥感、人工智能、物联网技术的发展和成熟，结合云数据，未来森林防火向着智能化、现代化建设发展，未来发展方向主要有以下几个：①基于卫星遥感的森林火险动态实时预测预报，拟解决的关键技术是卫星遥感的实时动态数据采集与更新技术；②人工智能的无人机火灾自动监测与扑救，拟解决的关键技术是智能化的火场信息采集技术、基于人工智能的火点定位及自动扑救技术；③火灾烟气蔓延、污染和碳排放。拟解决的关键技术是火灾烟气蔓延模拟及碳释放评估。

二、国内外发展现状的分析评估

（一）需求

1. 保护森林资源的需要

我国森林火灾形势严重，每年有大量的森林资源受到火灾的破坏。1989—2011年，年均发生森林火灾 7415 次，其中森林火警、一般火灾、重大火灾和特大火灾分别为 4197、3198、18 和 3 次，年均过火面积 260580 公顷，其中受害森林面积 85674 公顷。由于我国连年的荒山造林，同时加强了对天然林保护，森林面积增加，易燃林分比例加大，加之气候变暖使主要林区火险期延长，火险等级提高。特别是 2001 年以来，我国东北林区火险期延长明显，夏季火险增加。森林防火学科的发展将跟踪国际热点和我国实际需求，研究新技术，培养专业人才，提高我国控制森林火灾的有效性，保护我国有限的森林资源。

2. 不断提高林火管理水平的需要

森林防火主要手段是加强火源管理和监测，争取做到早发现、早扑救。但目前，我国对森林火险和火行为的预报水平较低，对扑火资源利用率不高，扑火效率低。我国南方防火林带建设取得了一定的成绩，但由于我国森林防火和森林经营脱节，我国可燃物管理水平还比较落后，加之几十年的针叶林大面积营造，使森林火灾的形势严峻，每年都有森林大火发生。一个国家的林火管理水平的提高，表现在林火预报、火灾监测、林火阻隔、林火扑救等重要环节的完善、有效和协调，这就需要森林防火科技水平的不断提高，以促进森林防火学科的发展。

3. 不断提高扑火安全水平，减少人员伤亡的需要

我国对林火的扑救以地面力量扑救为主，扑火人员的伤亡事故时有发生。1997—2006 年我国年均因森林火灾伤亡 158 人。发生伤亡事故的主要原因是林区地形复杂、火行为多变、扑火人员的安全防护技能较差。森林火灾现场的当地农民没有受过相关的扑救林火培训，对火行为不了解，盲目扑救林火容易导致安全事故的发生。另一原因是我国缺乏扑救高强度火的手段，空中扑火力量不足，常常要求扑火队员扑救较高强度的火灾，容易造成扑火人员的伤亡事故。

（二）国内外现状

1. 林火预测预报技术

（1）森林火险天气预报

根据天气要素预报，订正地形、风、温度、相对湿度对林火的综合影响。传统的气象学预报模型对于中短期预报是有用的，但不能给出较详细的必要信息，而新

的数学模型利用统计方法预测地表和上层风况、相对湿度和温度，可用于森林火险的预报，对于方圆 150 千米的范围，特别是方圆 5—25 千米范围内的预报更为精确。McArthur's 火险指数广泛地用于澳大利亚东南部火险预报，它是由干旱硬叶林和草原的经验模型发展而来的。之后，McArthur's 模型又进行了改进，利用火险指数和气象信息对维克多利亚地区桉树灌丛的火险预测的准确性明显提高。

（2）林火发生预报

美国发现一些州中每日人为火的发生次数服从负二项分布，可以合理假设这种泊松分布，而每日人为火发生次数的期望值取决于加拿大林火等级系统（CFFDRS）的细小可燃物湿度码（FFMC），经研究认为可用逻辑斯蒂方程来预测每日人为火发生次数。

（3）林火行为预报

加拿大国家林务局和安大略省资源部研究发现"高压脊崩溃"这一特殊天气现象常引起高温、低湿、大风天气，提高了火险指数，为火灾发生提供了条件，往往是森林火灾前兆。森林火灾的发生往往与特殊的天气条件相结合，因此加拿大在编制林火战略计划时采用插入技术，把林火气象指数系统（FWI）与森林火情预报系统（FBP）相联结，对森林和野外潜在火情进行空间立体性评估，并应用电子计算机模拟森林火灾，达到防火目的。加拿大还编制了 FBP89 火情预测软件，该软件可按所提供地形、风、可燃物和其他条件，对林火进行预测，还可根据变化的火势参数模拟分析出 16 种可燃物类型中每种可燃物在 1 小时后火灾蔓延情况及火情趋势。苏联研究出判断火险期危险程度的方法。日本绘制了火险天气图，从中得出由于天气要素的演变过程与发生森林火灾的紧密关系及其相关规律。美国依据火线特征建立火行为模型，利用此模型可以提高计算火场的精确性。

2. 林火监测技术

（1）地面林火监测

1）地面红外探火。地面红外探火通常可以把红外线探测器放置在瞭望台制高点上，向四周探测，并确定林火的发生位置。这种探火方法能够大大减轻瞭望员的工作强度，及时准确地发现林火及火灾分布和蔓延的速度，配合自动拍摄机拍下火场实时图像。红外探火不仅可以被安装在瞭望台上监测火情，还可以用于探测余火。如加拿大利用红外线扫描设备探测林火，已基本上在防火部门得到普及。它们使用的地面红外线探火仪主要是手提式 AGA110 型，主要用于探寻火烧迹地边缘的隐燃火或地下火的火场边界。该仪器由检波器和显示器组成，具有体积小、重量轻、携带方便等特点，每充电一次可用 2 小时，能探测 10 公顷或 1.6 千米长的火场边界线。

2）地面电视探火。电视探火仪是利用电视技术探测林火位置的专用仪器。把专用的电视摄像机安装在瞭望台或制高点上对四周景物进行摄影，并与地面监控中心联网，随时把拍摄到的火情传递到监控中心的电视屏上。早在20世纪60年代，有些欧洲国家就开始应用这一技术，近年来，波兰在林区已经全部使用闭路电视观察火情，苏联等国家也在大力发展。

（2）地波雷达监测

地波雷达探火是利用可燃物燃烧产生火焰的电离特性，用高频地波雷达来探测林火，这是一个正在研究中的新办法。这种方法具有超视距性能，监测面积大（探测半径可达150千米），可昼夜全区域监测，在有烟雾的情况下进行准确火焰定位，可设置在瞭望台或飞机上进行全天候监测林火。

1）飞机监测。到20世纪80年代各国开始采用航空巡护同地面瞭望台网相结合的方式开展林火监测，目前飞机监测应用越来越广。在偏远地区和瞭望台之间的区域一般都用飞机巡逻发现火情。巡逻飞机多半是轻型的，装有无线电收发报机。有的还载有扑火员和工具，以便发现小火可立即扑灭。加拿大东部几省主要靠飞机巡逻。航空护林经费支出庞大，美国和加拿大对大飞机、小飞机、水上飞机、水陆两用飞机、直升机等不同机型进行合理编队，并在防火期根据中、长期预报，对某些重点基地，有目的地加强配备，以节省巨额费用。

2）空中红外探火。把红外扫描仪安装在飞机上，利用红外传感器接收林火信息的一种空中探测林火的方法，亦称机载红外林火监视。该技术始于20世纪60年代，美国密苏拉北方火灾实验室率先研制出机载红外探测仪，并用来监测火情。据统计，每年有一半的火情是空中红外探测发现的，效果很好。美国和加拿大由于发展了这一技术，原有的防火瞭望台减少了6/7。近年来加拿大、法国等采用新的热视仪装在直升机上探测小火与隐火，当地面火场定位后，即可在照片上打上记号，空投给地面人员。加拿大西北部林区和美国的阿拉斯加经常发生雷击火，这种火源有时隐蔽燃烧，很难发现，利用红外探测技术可以探出阴燃地点，还能为扑火人员指明火头位置以及需要清除隐患的火源。空中红外探火对火源早期发现上，虽有一定优越性，但使用代价高昂，易受天气、地形及林况的限制。

3）微波探火。微波探火是探测火场大小及林火定位的一种新的探测方法，把微波辐射接收仪安装在飞机上，根据接收到的微波强度和波长来确定林火的存在。芬兰的专家们研制成一种新型森林雷达，这种安装在直升机上的雷达设备发射的微波，可以穿透森林的各个层次，收集树木顶端到地面的各种数据。根据这些数据，可以识别森林种类，估计树木的数量，测出树木的高度及森林遭受污染的程度，还可利用微波辐射扫描仪发现林火、拍摄火场、计算火灾面积等。

（3）卫星林火监测

近几年，国外开始利用轨道卫星预报林火，加拿大渥太华林火控制中心已使用卫星监视林火，并在试验卫星中继站传递无人气象台的各种气象因子。美国利用轨道卫星预报林火，在卫星上安装高灵敏度的火灾天气自动观察仪，它可以测定风向、风速、温度和湿度及土壤含水量等，并收集各地资料传送给监视站，再将资料传送给电子计算机中心加工，电传通知近期有火险的地区。由于卫星在几万至上千万公里的高空，为监测大面积森林火灾提供了可能性。可以相信，在林火探测系统中，建立卫星林火探测系统，必将提高林火监测的准确率，减少森林火灾，尤其是避免森林大火灾的发生。

（4）雷击火的监测

利用雷电探测系统进行雷击火探测，最早开始于美国。美国西部的一些州，长期以来一直遭受雷击火的困扰，在20世纪70年代将雷电探测系统应用于探测当地的雷暴方面，在西部地区和阿拉斯加的林火管理部门使用，获得了理想的效果。1978年，加拿大在安大略省的西北部地区防火中心建立了一个小型的雷达探测系统，并引进美国的全套设备，随后在其南部的多个地区也相继建立了3个雷电探测站，雷电探测网基本覆盖了安大略省的主要林区。加拿大还开发有一种作用半径30公里的探测仪，能测定闪电次数、强度与方向。日本利用飞机或火箭向雷雨云中撒播碘化银等催化剂的方法，改变云中过冷水滴、冰晶和冰雹，降低电位减少放电机会，从而消除雷击火。

（5）林火监测新技术

1）森林火灾监测系统。法国一家专业防火公司研制出一种森林火灾远距离监测系统。该系统包括远距离火源探测器，一架远红外摄像机以及一台电脑，试验表明，这套系统在雾天能够测出2千米以外一张燃烧的报纸和8千米以外的10平方米火势较弱的火区。这个系统不仅能测出火灾，同时也可准确有效地测出热气体和易燃气体，它可以通过遥控摄像机准确地测出火源和判断火势，并把其精确的方位自动传送到消防操纵台。每套系统可监测200平方千米的范围，通过数套系统交叉监测各个区域，并把搜集到的信息加以对比。

2）森林报警系统。西班牙国家海军军备建设公司最近研发出一套森林报警系统，并获得了欧洲专利。该系统是在林区监测塔上安装太阳能电视录像机，每机都配有两套图像传感器，一套对可见光敏感，另一套则对红外线辐射敏感。前者所得的图像以地图形式储入仪器记忆装置，而后者则能录下由较大热源所造成的热点，并将它叠加到记忆装置中的图像地图上去，再传回中枢调控部分。当发生火灾时，即形成热点，红外传感器会自动录下该点。当图像地图上因叠加作用而出现热点时，就会相应地发生显著变化，促使中枢调控部分发出警报，值班护林员即可据此通知距离火源最近的消防小分队迅速前往灭火，将火消灭在初发阶段，从而可避免森林大火造成严重损失。

3）森林防火电视机。俄罗斯科学家研究成功一种能在屏幕上发现森林火灾烟雾的电视机，这个闭路电视系统具有影像信号传动装置，它可安装在防火观察瞭望台和高大建筑物上。该机由装置在瞭望台中的 3 个仪器和装在房屋内接收信息的 3 个仪器组成，它可进行远距离调控。当发射室的位置超过林冠 20—25 米时，可在电视装置屏幕上发现森林火灾。

4）自动林火监测预报系统。在德国，林火监测塔已被自动监测系统所取代，该系统由两部分组成，即监测林火传感器，安装在欲监测林火的林地上，另一部分是联结各监测点传感器的监测中心，设在林管区或林业局，通过无线电同 10 个传感器相联结。安装在林地高处传感器上装有可转 360 度的彩色相机，高度为 25—50 米，图像处理计算机可自动识别烟火，并以高质量把信息通过无线电传送给监测中心，监测中心通过荧屏上反映的信息作出判断和制定防火措施。

5）森林火灾红外线监测器。意大利研制出一种森林火灾红外线监测器，它可以感知 120 平方千米范围内因火灾引起的温度变化，并在摄像机发现火焰之前发出火灾警报。设在森林中的火灾监测塔除配备一台气象用传感器和一台帮助消防人员看到火势情况的摄像机外，还配有一台新研制出的用于测量地面温度的红外线监测器。这种监测器能以每分钟旋转 360° 的频率对林区进行扫描。如果在连续 3 次的旋转中均发现地面温度升高，它便会发出火灾警报，通知消防队伍赴现场，这时火势往往尚处于初起的闷烧状态。而当红外线监测器继续监测时，来自气象传感器的数据将与存储在监测器计算机中的当地平均温度相比较，再结合摄像机的拍摄情况，便可确定火灾中心以及火灾的蔓延趋势。

3. 林火扑救技术

（1）地面扑火

国外在地面灭火中，主要突出水的特点。扑灭林火时除继续使用简单手工具外，一些工业发达国家，如美国、加拿大、日本和俄罗斯等国都设计和使用各种类型的背负式喷雾器（如苏联的莱路 –M 型背负式灭火器，欧洛 –16 型轻型多用灭火器和乌坡 –1 型化学灭火剂喷洒机，加拿大的 HP0–2 喷雾器、HPO 喷雾器），通过喷水或喷洒化学药剂封锁或扑灭地面火。苏联制造出一种背负式手持喷土枪，可有效扑灭 1 米宽以下的弱度和中度森林地表火，并能开设生土带，还能利用大型推土机等开设隔离带。美国设计的 TT–2 型喷土机在土沙上每小时可开 1.1 千米控制线。

（2）化学灭火

施用化学灭火剂扑灭林火是加、日、苏等国通用的灭火技术。各国在化学灭火上着重于化学药剂性能的研究，如美、加等生产的福斯切克202和259是世界著名的磷酸铵灭火剂，主要成分是磷酸亚氢二铵加防腐剂、增稠剂和色素，效果好。硫酸铵的灭火效果稍低于磷酸铵（三份硫酸铵相当于二份磷酸铵），但其成本低，也不失为一种优良灭火剂。

苏联利用生产氟塑料的废物经溴化处理所得卤化烃的各种成分用来制成灭火剂，其灭火效能好，价格低。美国用造纸废液中硫酸木素等溴化物生产灭火剂，加工简单，成本低，且对环境污染少。

近年科学家们又发现一种灭火新药剂，即水玻璃，又称泡花碱。水玻璃有一定的黏度，将它喷洒在树上或草上，它就会粘在树和草的表面，不怕风吹，经火一烤，它就会变成树和草的"消防服"，不仅它本身不燃烧，而且还能阻隔空气。水玻璃价格较低，易于储存的运输，既可以用一般或特别器械喷洒，也可以用飞机喷洒，进行大面积防火灭火。

（3）爆炸灭火

爆炸灭火是指事先在地下埋好火药，火焰迫近时引爆，或者投掷灭火弹灭火的方法。据苏联报道，用此法开设100米长控制线比用挖坑爆炸法快5倍。据美国报道，用此法开设防火线比手工快1倍。德国法兰克福消防队长里斯，同爆破专家罗森施托克合作，研究出一种新的爆灭火法，灭火器材是一根高强度聚乙烯塑料管，里面装满水，并接上导火线，塑料管放在离"森林大火"约100米远的地方，利用遥控点火引爆塑料管，塑料管顿时被炸得粉碎，而水被炸成数10亿滴极细小的水珠，并形成约10米高的水云。

（4）人工催化降雨灭火

用于人工催化降雨的催化剂主要有干冰、碘化银、碘化铅、硫化铜、硫酸铵、固体二氧化氮、甲胺等，其中效果最好的主要是烟雾状的碘化银、碘化铅和粉末状的硫化铜，而以硫化铜最有发展前途。催化剂的撒布方法有：地面发生器撒布法、高炮火箭撒布法、气球撒布法、飞机撒布法。

俄罗斯一般用飞机飞抵云层过冷部分时，用信号枪把含有造冰催化剂的信号弹从云层侧面射入云层内，或用排气管把硫化铜粉末喷入云层，促进降雨。美国一般用大型飞机携带碘化银焰弹，飞至云顶上，投掷云中，催化降雨。

（5）空中灭火

加拿大各省防火中心都拥有包括侦察机、直升机、重型洒水机在内的各种类型的飞机。现在每年防火期用于防火、灭火的飞机超过1000架。在运送灭火队员方面，他们普遍采用直升机和水陆两用飞机。在加拿大，星罗棋布的大小湖泊，为飞机载水灭火提供了有利条件。因此除了利用直升机喷洒液灭火外，还大规模开展固定翼飞机洒水、洒化学药剂和投掷炸弹进行灭火。

在美国，农业部林务局拥有 146 架各种专用防火、灭火飞机。另外还与空军及数百个私人飞机订立协议，一旦航空公司飞机不能满足需要，即由他们的飞机支援。美国还有一批航空跳伞人员，1979 年跳伞灭火达 6690 人次。任何地区发生森林火灾，林务局都能在一天之内调数千名消防人员赶到火场。

俄罗斯联邦在防火期中，每年动用飞机（固定翼和直升机）400—600 架，最多可达 1000 架。

（三）研究前沿、热点

1. 基于大数据的火发生规律分析

基于云计算和大数据，结合数据挖掘技术，分析火灾发生的内在规律和分布特征。

2. 火模拟和监测

利用定量遥感技术，模拟和监测火对生态系统的影响。

3. 火生态

研究林火对植被、土壤、大气、生物多样性及生态系统结构和功能的影响。

4. 火灾烟气排放、污染和碳释放

研究火烧过后烟气的传输、扩延和扩散规律，火灾碳排放及对大气污染的影响。

5. 林火与气候变化

研究气候变化对林火频率、面积及防火期的影响，未来气候变化情境下森林火险的变化趋势。

6. 无人机火灾监测预警

研究无人机火点自动识别、火点定位、图像传输技术及火灾自动报警技术。

三、国际未来发展方向的预测与展望

（一）未来发展方向

1. 卫星遥感技术的火险动态实时预报

研究基于卫星遥感技术的数据实时动态采集与更新；天、地、空一体化多信息源的数据融合；自动动态订正的火行为精确化预测模型研究。

2. 火灾智能自动化监测与扑救装备

基于人工智能和物联网技术，研究火灾自动识别、火点定位、图像传输与高效定点扑救装备技术。

3. 火灾烟气、污染和碳排放

研究森林火灾燃烧释放的烟气颗粒物对大气环境和人身健康造成的影响，评估不同火强度的碳释放。

（二）重点技术

1. 基于卫星遥感技术的可燃物动态监测

利用卫星遥感，结合地面观测，通过云计算和图像识别技术，对可燃物类型进行自动识别，对可燃物湿度及可燃物载量进行动态监测和计算。

2. 无人机智能火灾监测与扑救技术

以无人机为平台，基于云计算、大数据、人工智能和物联网技术，开发森林火灾智能化监测与扑救技术，实现火点的快速、准确识别与高效定点扑救。

3. 火灾烟气蔓延模拟关键技术

通过对森林火灾排放的烟气的传播和扩散路径进行监测和分析，模拟火灾烟气蔓延状态，分析烟气蔓延对周围环境的影响。

四、国内发展的分析与规划路线图

（一）中短期（2018—2035年）

1. 目标

结合计算机技术、遥感及地理信息系统技术，实现森林火险的动态实时精确化预测预报；加强林火阻隔系统建设，完善火灾的综合防控体系；研发火灾智能化监测、通信指挥与扑救技术，提升我国森林火灾综合防控能力，提高我国森林防火监测与扑救能力的现代化水平。

2. 主要任务

（1）森林火灾精确化预警关键技术研究

测报变量表达不准确，关键变量及时空过程描述缺失，是导致火灾预警精度低的主要原因，拟以历史火灾数据、地面实时观测及物联网数据，利用遥感卫星同化反演技术，开展火源、温度、湿度、山地风场的精准模拟，时空连续化"场"表达、火险预报及预警技术研究；开展地形地貌，道路、水系等防火阻隔带，人的扑救行动等对火蔓延的影响，山地地形、风场和可燃物对火灾蔓延的增强和促进作用的研究；利用GIS空间建模、空间模拟等手段，研建时空连续化的多尺度火险天气等级预报模型、森林草原火灾发生预报模型。以元胞自动机为理论框架模型，融合多源实时数据，构建动态订正的火行为预报预警模型，开发具有蒙语和缅语输出的森林草原火灾预警GIS系统。

（2）森林火灾综合防控技术研究

研究森林可燃物的种类、负荷量、理化性质及燃烧性，景观尺度上路网、水网、山脊梁、沟谷、人工阻隔网及生物防火林带对火灾的迟滞、阻碍作用，林分尺度上的营林措施对森林火引燃、蔓延的影响；提出森林可燃物类型的划分标准，基于地面森林清查数据，以卫星遥感多波段观测数据和遥感指数为参量、林分和草灌生长模型为基础，研究可燃物载量评估模型，构建可燃物载量和参数的空间连续化模拟模型，建立示范区可燃物属性数据库和图形库；提出景观尺度防火阻隔体系构建、生物防火林带和计划烧除技术，林分尺度上的可燃物综合调控技术，以营林抚育措施（割灌、修枝、抚育间伐）为主的可燃物综合调控技术。

（3）森林火灾智能化监测、指挥与扑救技术研究

以无人机为平台，研究智慧林业物联网智能火灾监测和信息采集、火点定位和图像传输技术、火场场景地图重构技术等；研究卫星、无人机、地面视频观测数据的融合技术，大型火场的图像拼接、融合技术，形成无人机群森林火灾监测和火情数据采集、三维火场图像虚拟和制作技术系统；形成智能化的火灾处置和高救定点扑救技术。

3．实现路径

（1）可燃物类型划分体系和火灾预警体系构建

至 2025 年，加强森林可燃物、森林火险和火行为预测预报方面的基础性研究，形成完善的可燃物类型划分体系和科学精确化的火险预测预报模型。

（2）火灾综合防控关键技术研究

至 2030 年，加强对可燃物调控、生物防火、计划火烧等方面关键技术的研究，形成系统的火灾综合防控体系。

（3）森林火灾智能化监测、指挥和扑救技术研究

至 2035 年，基于人工智能和物联网技术，结合卫星遥感、飞机、无人机、视频监控等手段，研发智能火灾监测与火点定位、图像传输、火场 3D 图像制作及高效定点火灾扑救技术。

（三）中长期（2036—2050 年）

1．目标

通过人工智能和计算机、遥感及地理信息系统技术的有效结合，实现火灾的智能自动化监测、预警与扑救，实现我国森林防火监测预警与扑救能力的现代化。

2．关键技术

火灾智能识别与预警技术；天地空一体化信息融合技术；机器人智能火灾扑救技术研究。

3. 实现路径

研发智能机器人灭火技术，结合卫星遥感、无人机、地面扑火装备及物联网系统等手段，形成天地空一体化信息的智能火灾自动化监测、预警与扑救新装备及技术（如图 8-1，图 8-2）。

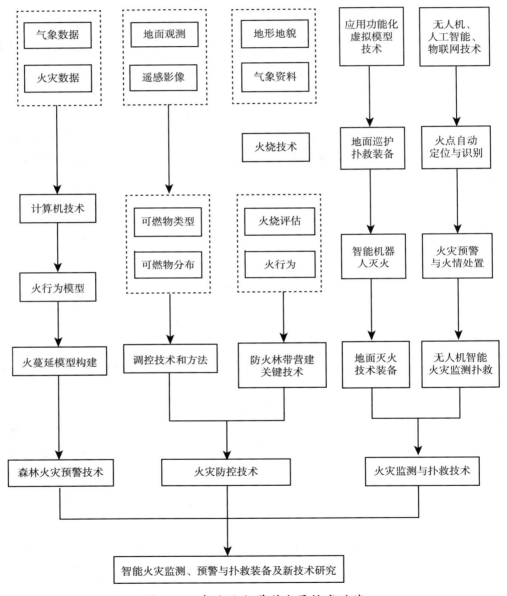

图 8-1 森林防火学科发展技术路线

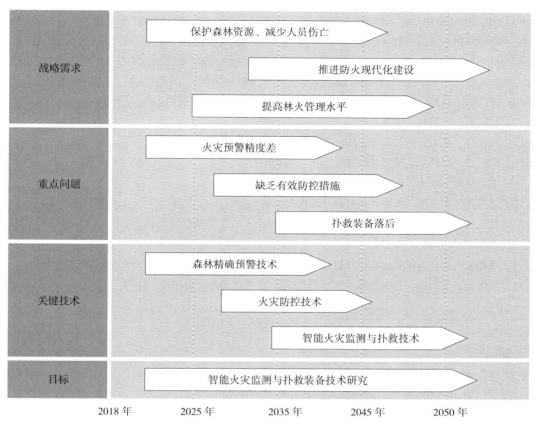

图 8-2　森林防火学科发展进程

参考文献

［1］Wang YH, Anderson KR. An Evaluation of Spatial and temporal patterns of lightning and human-caused forest fires in Alberta, Canada［J］, International Journal of Wildland Fire, 2010, 19（8）: 1059-1072.

［2］Tian XR, Shu LF, Zhao FJ, et al. Future Impacts of Climate Change on Forest Fire Danger in Northeastern China［J］. Journal of forestry research. 2011, 22（3）: 437-446.

［3］Filippi JB, Mallet V, Nader B. Representation and Evaluation of Wildfire Propagation Simulations. International Journal of Wildland Fire, 2013, 23（10）: 46-57.

［4］Wotton BM, Nock CA, Flannigan MD. Forest Fire Occurrence and Climate Change in Canada. International Journal of Wildland Fire, 2010, 19（3）: 253-271.

［5］Chen J, Randerson T, Morton DC, et al. Forecasting fire season severity in South America using sea surface temperature anomalies［J］. Science, 2011, 334（6057）: 787-791.

［6］Lafon W, Quiring SM. Relationships of fire and precipitation regimes in temperate forests of the eastern United States［J］. Earth Interactions, 2012,（16）11：1–15.

［7］Moritz MA, Moody TJ, Krawchuk MA, et al. Spatial variation in extreme winds predicts large wildfire locations in chaparral ecosystems［J］. Geophysical Research Letters, 2010, 37（4）：L04801.

［8］舒立福. 森林火灾的预防与控制技术［J］. 国外科技动态, 2000（6）：21–25.

［9］舒立福. 世界林火概况［M］. 哈尔滨：东北林业大学出版社, 1999.

［10］胡海清. 林火生态与管理［M］. 北京：中国林业出版社, 2005.

［11］田晓瑞, 赵凤君, 舒立福, 等. 1961—2010 年中国植被区的气候与林火动态变化［J］. 应用生态学报, 2014, 25（11）：3279–3286.

［12］赵凤君, 舒立福. 气候异常对森林火灾发生的影响研究［J］. 森林防火, 2007,（1）：21–23.

［13］赵凤君, 王明玉, 舒立福, 等. 气候变化对林火动态的影响研究进展［J］. 气候变化研究进展, 2009, 5（1）：50–55.

［14］赵宪文. 森林火灾遥感监测评价——理论及技术应用［M］. 北京：中国林业出版社, 1995.

［15］郑焕能, 居恩德. 林火管理［M］. 哈尔滨：东北林业大学出版社, 1988.

撰 稿 人

舒立福　刘晓东　田晓瑞　赵凤君　王明玉　陈　锋

第九章　森林生态

一、引言

森林生态学科是生态学的一个分支学科，同时作为林学的一个分支学科，是研究森林与其环境相互关系的科学。森林生态学的研究内容主要包括各种生态因子及其对树木生理过程、组织结构、生长和发育、种群变化的影响；森林生物种群对环境的响应和适应；森林生物的种群动态及种间关系；森林群落及立地分类；森林群落的组成、结构及发生、发展、演替规律；森林生态系统的结构与功能及其对环境变化的响应与适应；森林景观格局、生态过程、干扰体系与动态变化；森林对环境的影响和作用以及森林生态系统管理的生态学理论和技术体系等内容。森林生态学的研究目的是阐明森林的结构、功能及其调节、控制原理，为不断扩大森林资源、提高其生物产量、维持森林健康和稳定性，充分发挥森林的多种功能和维护自然界的生态协调提供理论基础。

随着生态学和林学的发展，森林生态学日趋广泛地与其他自然科学紧密融合。目前，森林生态学已由阐明森林与其环境相互关系、指导森林培育和经营管理的经典定义，发展为指导人类科学合理地处理人与森林的相互关系、最大程度地发挥森林多种服务功能以增加人类社会的福祉和维持地球系统的平衡、健康和可持续性的科学。当前世界上的许多重大全球性问题，如气候变化、生物多样性维持、能源、环境、资源利用等都与森林密切相关，都涉及森林生态学研究的范畴。生态文明建设作为新时代国家发展战略的重要内容，不仅关系着人民的福祉、国家的兴衰和民族的赓续，还影响着全球生态安全乃至人类世界的可持续发展。当今广义的林业是生态文明和美丽中国建设的主阵地，是山水林田湖草生命共同体系统治理的排头兵，正在实施的"一带一路"、长江经济带及乡村振兴等战略，将林业生态建设置于优先地位。我国生态基础薄弱，优质生态产品短缺，急需围绕国家重大战略需求，在防护林建设工程效益增强与质量精准提升、天然林的生态保护、退化天然林修复等关键领域进行科技创新。在理论上，需揭示防护林水土资源承载力的驱动机制及关键阈值、生物多样性与生态系统功能之间的关系、森林植被退化机理与生态系统稳定性及其维持机制、森林生态系统碳氮水关键生态过程的耦合机理与尺度效应、生态系统服务流传递机理、人工林生态过程的调控与生产力维持机制、森林生态系统温室气体源/汇变化的驱动机制、森林对全球变化（气候变暖、氮沉降、干旱等）的响应与适应的过程与机制等科学问题；在技术上，急需突破多尺度森林植被健康状况实时无损监测与快速精准诊断、困难立地植被快速建设和综合利用、低质低效防护林与天然林的质量提升与调控管理、人工林树种多样性配置与多功能经营、资源集约及环境友好型景观林构建、生态治理与生态产业协同持续发展、气候变化背景下森林生态系统适应性管理等关键技术，并加强流域及区域尺度综合集成研究与示范。

二、国内外发展现状的分析评估

（一）国内外现状

自"八五"以来，针对重点林业生态工程技术需求，开展了多学科、多部门的联合攻关研究，形成了生物措施与工程措施相结合植被恢复和建设技术体系，已基本解决坡度 35 度以上黄土干旱陡坡和土层厚度小于 15cm 华北干瘠山地等困难立地造林技术，造林成活率达 85%。针对生态林建设普遍存在的干旱及盐碱等逆境问题，从生理及分子水平揭示不同树木种质对逆境的抗逆机制及稳定性，提出了抗逆植物材料早期诊断和评价技术；提出"三北"及长江流域防护林结构优化与定向调控技术，水源涵养林能力提高 10%—15%；集成了退耕还林工程区林农复合技术，保障土地资源利用率提高 20% 以上，支撑了山区生态与经济协同发展。提出了基于植物功能群替代和演替驱动种的天然林生态恢复的新途径，显著提高了典型退化天然林的生态恢复速度和质量、生物多样性和稳定性，为占我国森林面积近 70% 的天然林保护提供技术支撑。

联合国森林战略规划（2017—2030 年），明确提出全球森林面积增加 3%，推动所有类型森林的可持续管理，恢复退化森林，在全球大力开展造林和再造林，全力提升森林应对自然灾害和气候变化影响的恢复力和适应力。《2030 联合国可持续发展目标（SDGs）》内容包括保护、恢复和促进可持续利用陆地生态系统，可持续管理森林，防治荒漠化，制止和扭转土地退化，提高生物多样性。2019 年 5 月 6 日，七国集团（G7）通过关于保护生物多样性的梅斯宪章，提出加快采取旨在阻止生物多样性受损的措施，帮助制定和实施 2020 年以后的保护目标。

我国生态修复与保护理论和技术与国际先进水平间的差距不断缩小，干旱及困难立地造林、防护林结构配置等技术处于领先地位，天然林保育与生物多样性保护、退化湿地修复等技术水平处于并跑阶段，但在生态系统稳定性维持、生态系统对全球变化的响应与适应机制、生态综合治理与协同保护、盐碱地及废弃矿区治理、生态质量监测技术与设备等落后欧美林业发达国家。

（二）研究前沿、热点

随着现代科学与技术的发展，区域和全球生态环境问题的日益突出，森林生态学在个体、种群、群落、生态系统、景观和区域（全球）层次上的研究快速发展，并向更加微观和宏观的两个方向不断扩展。研究前沿和热点集中于森林生态系统对气候变化的响应与适应、生态系统的地下生态学过程、生物入侵的生态学效应、森林生物多样性与生态系统功能、退化森林生态系统保护与修复、大尺度森林生态水文学、森林生态系统碳氮水耦合、人工林树种多样性与多目标经营与森林生态系统碳固持及其稳定性。与分子生物学、地球科学、水文水资源学等相关学科的不断交叉和融合，森林生态学研究正从单过程到多过程耦合，从单一要素到多要素协同作用，从仅关注地上到注重地上－地下整合研究的巨大转变。研究手段和方法也从传统的瞬时短期观测到长期连续动态监测，从纯粹的自然观测到大型模拟控制实验，用更微（分子、基因）和更广的视角（遥感）以及更大的视野（区域、全球）来观察和研究森林及其与环境的关系。综合利用稳定同位素、高通量测序、激光雷达、控制实验、模型模拟、大数据分析、3S等现代技术，开展多尺度、多过程、多指标、多用途的森林生态系统结构和功能的综合观测与集成研究，已成为当今森林生态学研究的主流。

三、国际未来发展方向的预测与展望

（一）未来发展方向

国内外森林生态学的研究多为多过程、多因素、多尺度和多学科的综合研究，并呈现如下发展态势。

1. 森林生态学进入生态过程和机理研究的新阶段

森林生态学在其发展初期重点研究个体、种群和群落的组成、结构特征和生态系统结构和功能的描述、分析。随着各种控制试验数据的积累和生态监测网络的迅速发展，人们对生态过程的认识和生态预测的能力提高到了一个新水平。加强森林生态系统服务的形成机制、森林生态系统结构－过程－服务的相互关系等方面的研究，为生态系统服务评估和生态系统管理提供科学基础，是当前和今后研究的重点和方向。如何保育和管理森林生态系统，提升森林生态系统服务是森林生态学当前面临的挑战之一。揭示在生态系统功能及其多功能性形成过程中的机理，探讨有效的物种多样性保育方法，将是未来生物多样性研究的重要内容。

2. 从单过程、单因素向多过程、多因素的综合集成研究

碳、氮、水循环是森林生态系统最活跃的生态过程，单一过程的研究已经取得了巨大进展。当前森林生态学研究将控制实验与自然环境梯度相结合，从单因素逐渐向

多因素交互作用过渡。然而，目前对森林生态系统碳－氮－水耦合关系及其与气候变化之间的联系还缺乏充分的观测和实验数据，难以准确分析森林对碳、氮、水循环的作用及其对全球变化响应的反馈机理。因此，需要森林生态学研究进一步强化多过程、多因素、多尺度和多学科的综合研究，多过程耦合研究是未来研究的主流。

3. 从重视地上向地上–地下生态系统综合研究发展

森林生态系统地下生物学（微生物、土壤动物、根系）与生态过程是影响生态系统功能的最不确定部分，是调控生态系统地上部分结构、功能及过程的至关重要的因素。当前研究逐渐从地上转向被长期忽略的地下生态系统，认识到土壤生物的多样性和功能调控作用，不仅能够通过地下食物链直接作用于植物根系，而且能够改变养分的矿化速率和土壤理化性质，影响植物生长和群落结构。迫切需要探索森林生态系统地下部分的结构、功能、过程及其与地上部分的联系，揭示森林生态系统结构、功能及过程的本质，预测森林生态系统对全球变化的响应。

4. 研究手段和方法逐步实现信息化、网络化、标准化

森林生态学研究从相对孤立的局地研究向区域化和全球化联网研究发展，通过构建多站点或单点多塔的联网观测，联合应用稳定同位素技术、遥感与物联网技术、大数据分析与数学模型模拟技术、分子技术等现代技术，已成为当代森林生态学研究的主要技术手段和新的数据来源。现代生态学研究已经逐渐进入了一种以网络式长期定位观测为基础、以定量化和现代化信息技术为研究手段，以建立区域和全球可持续生态系统为目标，以大型国际科学行动计划为支撑的全新阶段。

（二）重点技术

森林生态修复与保护强调可持续发展，注重技术多元化、目标多样化。强调生态修复机理、过程、效果与应用相结合，更加注重多系统综合治理及生态系统稳定性维持，更加注重山水林田湖草生命共同体健康发展，由主导修复系统结构向增强生态功能和提升生态服务价值转变，由单点的静态评价向多尺度动态评价与精准预警发展，由单纯的物种筛选和配置向复杂群落及体系优化发展，由单一的植被恢复向生态修复技术与生态产业技术协同发展转变。

四、国内发展的分析与规划路线图

（一）需求

我国生态建设取得了举世瞩目的成就，但生态退化和脆弱问题依然突出，国土生态安全体系不健全，履行国际生态义务的压力持续加大。全国中度以上生态脆弱区域还占陆地国土面积的 55%，且森林生态质量总体不高，人均森林面积仅为世界平均值的 17%，单位面积森林蓄积量只有发达国家的 1/4，森林生态系统平均固碳能力为 91.75

吨/公顷，远低于全球中高纬度地区 157.81 吨/公顷的平均水平；森林年生态服务价值只有 6.1 万元/公顷，仅相当于日本的 40%；人均公园绿地面积仅有 13.5 平方米，低于世界平均水平，优质生态产品供给能力严重不足，难以满足新时代人民高质量生活的需求。近年来，中国生态修复行业市场规模保持在 10% 以上的增速，2024 年中国生态修复行业市场规模有望超过 7000 亿元。当前，急需围绕国土绿化行动、"三北" 防护林、天然林资源保护、新一轮退耕还林等重大生态建设工程，在区域植被承载力与服务功能、森林质量精准提升及退化天然林恢复、气候变化背景下森林生态系统适应性管理等关键领域进行科技创新，开展生态综合治理与利用、城乡宜居生态质量增强等技术创新集成，增强生态功能，增加多样优质生态产品供给，促进美丽中国建设。

（二）中短期（2018—2035 年）

1. 目标

进一步加强研究干旱及瘠薄立地植被建设技术，整体水平继续保持世界领先行列。在盐碱及废弃矿区生态修复技术领域和人工林树种多样性与多功能经营及生产力维持等生态调控技术方面缩小与世界发达国家的差距，中度盐碱地造林保存率达到80%；"三北"、沿海、长江流域及平原农区等重点区域防护林体系功能增强和质量提升、资源集约型城市群森林构建等关键技术并跑国际先进水平。典型脆弱生态区造林保存率达到 90% 以上、建成区绿化率不低于 60%；天然林适应性经营与退化天然林恢复等天然林保护关键技术，显著缩小与发达国家的差距，形成具有中国特色和自主知识产权的中国天然林保育与适应性经营的理论和技术系统、管理模式，为我国天然林的全面保护和可持续管理提供科技支撑。

2. 主要任务

（1）重点领域

1）森林生态系统的结构与生物多样性。在气候变化和我国对森林资源利用方式转变的背景条件下，对典型森林生态系统本底基础调查；依托典型地区森林动态监测样地平台，研究典型森林的种群和群落结构特征、功能性状变化规律和组配原理，分析森林物种多样性形成、维持机制及其生态系统功能；研究珍稀濒危植物、珍稀濒危和国家重点保护动物的濒危机制和保育策略；探索自然保护地的功能区划、网络化监测与数字化保护的手段和方法以及科学管理模式；研究全球气候变化和人类活动影响下生物多样性敏感区和脆弱区的适应策略和生物多样性保护对策。

2）森林生态系统关键过程。开展森林生态过程和水文过程的长期规范化定位观测，积累科学数据，研究不同时空尺度生态过程的演变、转换与耦合机制；研究典型区域和典型森林类型的特征及其生物生产力、森林碳通量、土壤碳积累等森林碳循环过程；通过多过程耦合和跨尺度模拟，研究水分限制区、水资源敏感区和丰沛区森林生态过程与水文过程的相互作用机理及对区域水资源和环境的调控能力；研究水碳耦合机理及其区域效应；研究变化环境下区域林水综合管理的适应性对策与途径；定量评估和预测变化环境下重点林业生态工程的生态环境效应演变。

3）森林对环境变化的响应和适应。基于野外观测台站和3S技术，多尺度识别气候变化（特别是极端气候事件）对森林树木和生态系统的影响。研究变化环境下森林下垫面的碳水通量、树木对环境胁迫的生理生态适应机制和积极利用变化环境的适应对策；研究气候敏感区和典型森林对变化环境的响应与适应策略；研究土地利用变化和森林经营活动对森林生态系统碳固持和排放过程的影响机理及碳计量方法；研究气候变化条件下林火特性以及火对森林生态系统与环境的影响；研究典型退化森林生态系统的退化原因、生态过程和机理，区域森林恢复的适应性评价、生态区划及恢复与重建的生态－生产模式和时空配置；研究森林生态系统中污染物的输入及其对森林环境的改变，与森林生物系统的相互作用；森林生态系统对污染物的反应和适应以及调控机理，空气污染和气候变化对森林生态系统的复合效应。

4）森林生态系统健康与调控。研究健康森林的维持机制；研究森林立地条件、林分结构、生物多样性、不同农林复合系统和经营管理及对有害生物的影响和调控机理；研究天敌对森林有害生物控制的生态学过程及其利用途径；运用现代化学生态学、行为生态学和感觉生态学的理论和方法，研究重大森林有害生物的行为调控机制和化学通信机制；利用分子生态学的理论和方法研究森林有害生物的分子调控机制；研究气候变化条件下大尺度重大森林有害生物监测、预警、预报技术，爆发和成灾机理及森林健康的维持机制。

5）森林生态系统服务与生态文明。研究生态系统服务的形成机制和时空分异规律；开展生态系统服务制图研究；对生态系统服务功能进行评估；研究生态系统服务管理决策支持；探索生态承载力与生态红线；生态补偿机制与管理制度建设。

（2）关键技术

1）天然林保育与可持续经营关键技术。针对天然林结构与功能严重退化和生物多样性下降、天然林资源信息化管理水平低下等问题，研究揭示天然林分布格局和生产潜力及其对全球变化的响应机制，突破不同区域不同空间尺度典型类型天然林保育、恢复和适应性经营、非木质资源保育和利用技术；研究天然林资源天空地一体化精准监测技术，搭建天然林区生态系统、生物多样性、森林保护等综合信息快速获取、处理和辅助决策平台，构建中国天然林景观／系统保护规划技术体系，形成具有自主知识产权的、面向多种服务功能的主要类型天然林保育和适应性经营理论体系和技术体系，为"把所有天然林都保护起来"提供科技支撑。

2）人工林生态系统多功能协同提升经营技术。我国人工林面积居世界首位。在产业发展和生态建设方面发挥着重要作用。同时，人工林仍然面临着林分质量不高、结构不合理、地力衰退、投入成本上升、立地条件差、林地供求矛盾紧张等问题和挑战。开展人工林生态系统多功能协同提升经营技术研发，提高人工林生态系统服务的质量和效益，创建健康稳定、高生产力和高碳汇的人工林生态系统，既能提供高产优质木材，又能够发挥固碳减排、生物多样性保护、水源涵养和水土保持等多种生态功能，以满足经济社会发展对森林的多种新需求和林业应对气候变化的新任务，满足经济社会日益增长和新时期人们对美好生活向往的多方面需求。

3）重点区域防护林系统构建的多尺度优化与功能提升。针对生态脆弱区类型多、分布广，优质生态产品极度短缺，影响人类生存空间和生活质量等问题，研究揭示树木种质抗逆境（干旱、盐碱及重金属污染）及适应逆境胁迫的分子生态学机制、防护林退化和稳定性维护机制、人类活动与生态产品互作过程、人工林生态系统碳氮水耦合与生产力形成机制、森林康养功能形成及调控机理等关键科学问题，攻克重点区域防护林健康状况实时无损监测与快速精准诊断、防护林水土资源承载力动态预警、盐碱地及工矿废弃地生态修复和产业协同发展、防护林更新与调控、退耕还林效益巩固与提升、乡村及城镇生态景观林结构优化配置、人工林应对气候变化行动等关键技术，以支撑"三北"、长江、沿海、平原农区等国家重点区域防护林及退耕还林工程建设为目标，集成示范重点区域不同类型防护林功能增强与质量提升技术体系，保障国土生态安全与粮食安全、支撑生态文明与美丽中国建设。

4）生物多样性保育技术。研究珍稀濒危动植物的营养、生长、繁殖、种群动态等特征及其对环境变化的响应，研究珍稀濒危动植物的濒危机制和解濒技术；开展珍稀濒危动物栖息地修复和优化、生物廊道构建、人兽冲突缓解、就地保护成效评估等保护技术研究；针对珍贵、特有、稀有和濒危的动植物，开展保护、扩繁和可持续利用方面的理论和应用研究，对具有重大价值的植物和林业微生物利用进行相关技术研发。

5）林业适应和减缓气候变化。针对我国森林生态系统比较脆弱、森林质量和碳密度普遍较低等问题，以典型森林生态系统为主要研究对象，研究高碳储量森林营建、减缓气候变化的森林经营方案优化和土地可持续利用管理、土地利用变化和林业温室气体清单编制、碳汇监测与计量等技术，构建国家林业碳计量监测系统，开展适应气候变化综合管理区技术示范区建设与林业碳汇项目技术示范。

3. 实现路径

（1）强化学科和人才队伍建设

要依托重大科研和建设项目、重点学科和科研基地以及国际学术交流与合作项目，加大学科带头人的引进、培养力度，积极推进创新团队建设。培养一批既懂生态学又懂林学的精英，瞄准国际森林生态学的发展趋势和学科前沿，结合我国实际与优势条件，在先进科学技术手段的支撑下，重视资源、平台、数据、信息的整合与传统积累的挖掘与提高；加强多学科、交叉学科的综合研究，逐步形成一支有一流水平的中国森林生态学科的研究队伍。

（2）加强森林生态学创新平台建设

加强森林生态定位观测研究站和重点实验室等平台建设，把长期连续定位观测工作从单一生态站点逐渐扩展到景观单元、区域和全国尺度。优化生态站网整体布局，强化生态站标准化建设，加强数据资源共享，改善工作条件，为全面推进国家林业科技创新体系建设服务。

（3）提供稳定的经费支持

森林生态系统是生命周期漫长而复杂的动态开放系统，因此，森林生态学科的观测与研究工作需要有稳定的经费支持。稳定资助学科基础研究、重点方向研究，培育学科新兴研究领域及交叉学科领域，从而为生态学学科持续高水平发展提供保障。

（4）加强国际交流

跟踪国外最新研究无疑是提高我国森林生态学研究水平的重要途径之一。因此，通过国际合作与交流，借鉴国外森林生态学研究中的先进方法和手段，对提高我国森林生态学科的研究水平十分重要。与世界著名高校、研究机构联合申报国际合作项目，吸引国际知名科学家或组建国际合作的创新团队开展联合攻关，联合主办国际性、专题性或综合性的学术会议等学术活动，力争在全球性重大森林生态学基础理论取得突破性成果，在应用森林生态学理论与技术解决全球性森林问题方面取得实质性进步。

（三）中长期（2036—2050年）

1. 目标

在森林生态学原始创新和理论创新领域有重大突破。智慧生态林业技术取得突破性进展，林业生态科技创新水平进入国际先进行列。建成高效、稳定的林业生态安全技术体系，生态资源总量显著增加、生态退化问题基本控制、应对气候变化及防灾减灾能力明显提升。加强森林生态系统长期观测网络和国家或省部级重点实验室与创新中心的管理和完善。培养一批德才兼备、富有创新精神的世界级领军人才和骨干队伍。

2. 主要任务

（1）基础研究和理论创新

我国是唯一具有完整气候带谱的国家，开展森林生态学研究条件得天独厚，现代技术特别是信息技术和生物技术的快速发展必将促进森林生态学研究手段的进步，促进中国森林生态学的理论和方法发展：创建森林生态系统碳氮水多过程、多尺度耦合机制与方法，发展森林生物多样性与生态系统多功能性协调与权衡理论；基于功能群和功能性状的森林生态系统功能修复的理论系统。在天然林保育、人工林多目标可持续经营、生物多样性保护、森林生态系统的过程与机制、森林对全球变化的响应与适应机制等理论基础研究方面取得一些重大突破。

（2）技术创新

研发生态修复集成化技术；加强生物技术与工程技术的融合；多维度、多尺度、多系统综合治理退化生态系统技术。构建山水林田湖草系统修复的技术体系；森林生态系统多功能经营的技术体系；面向生态系统服务功能提升的森林生态系统保护与修复技术。

（3）人才培养

培养一批德才兼备、具有世界一流学术水平的科研领军人才与骨干队伍。

（4）平台建设

加强部门重点实验室、国家重点实验室等国内平台建设，与国际有影响力的研究机构联合建设一批在本学科具有显著国家影响力的国际合作平台。

3. 实现路径

在基础研究领域，国家科技主管部门应重视和加强对基础研究的支持力度，要制订中长期研究计划，鼓励重大原始创新。在技术创新领域，通过新技术研发和对已有技术的集成和升级达到技术创新的目的。按照引进和培养并举的方针，做好领军人才的培育工作。重视学科交叉与渗透，培养具有交叉学科思维的复合型技术人才。

（四）路线图

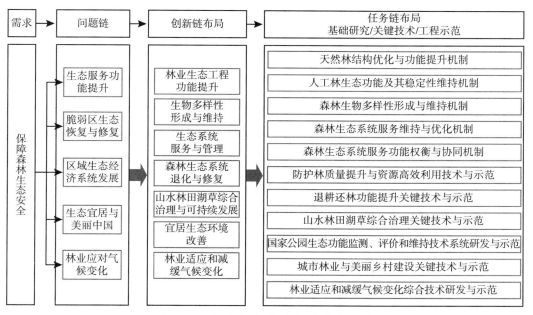

图 9-1　森林生态学科发展技术路线

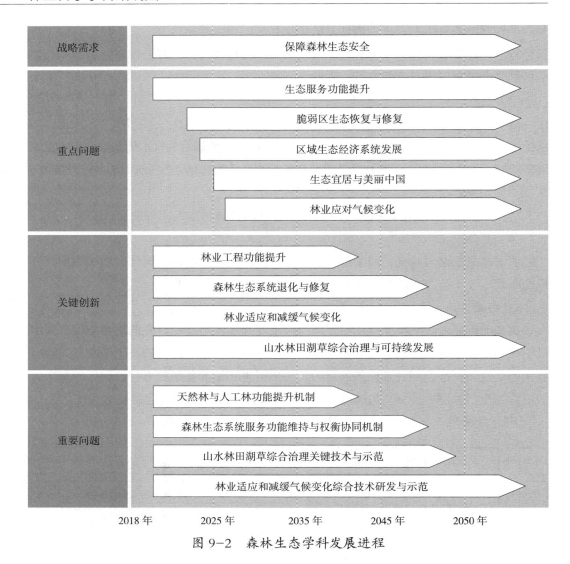

图 9-2 森林生态学科发展进程

参考文献

[1] 蒋有绪. 我国森林生态学发展战略研究，中国生态学发展战略研究，中国经济出版社，1991，289-314.

[2] 蒋有绪. 论 21 世纪生态学的新使命——演绎生态系统在地球表面系统过程中的作用 [J]. 生态学报，2004，8：252-255.

[3] 国家自然科学基金委员会. 林学. 自然科学学科发展战略报告 [M]. 北京：科学出版社. 1996.

[4] 国家自然科学基金委员会. 生态学. 自然科学学科发展战略报告 [M]. 北京：科学出版社. 1997.

[5] 黄东晓，毛萍，周华，等. 森林生态学研究态势计量分析 [J]. 世界科技研究与发展，2015，

37（4）：450–456.

［6］杨敏，鲁小珍，张晓利. 近 20 年国内森林生态学热点问题综述［J］. 中国城市林业，2015，13（4）：14–19.

［7］蒋有绪，罗菊春. 森林生态学发展，见：中国科学技术协会主编，中国林学会编著，2008—2009 林业科学学科发展报告［M］. 北京：中国科学技术出版社，2009，67–82.

［8］国家自然科学基金委员会，中国科学院编. 未来 10 年中国学科发展战略·农业科学［M］. 北京：科学出版社，2011.

［9］国家自然科学基金委员会，中国科学院编. 未来 10 年中国学科发展战略·生物学［M］. 北京：科学出版社，2011.

［10］国家自然科学基金委员会生命科学部编. 国家自然科学基金委员会"十三五"学科发展战略报告·生命科学［M］. 北京：科学出版社，2017.

［11］中国科学技术协会主编，中国生态学学会编著. 2009—2010 生态学学科发展报告［M］. 北京：中国科学技术出版社，2010.

［12］中国林业科学研究院编著. 森林生态学学科发展报告［M］. 北京：中国林业出版社，2018.

［13］中国林学会，2016—2017 林业科学学科发展报告［M］. 北京：中国科学技术出版社，2018.

［14］唐守正，刘世荣. 我国天然林保护与可持续经营［J］. 中国农业科技导报，2000，2（1）：42–46.

［15］刘世荣，马姜明，缪宁. 中国天然林保护、生态恢复与可持续经营的理论与技术［J］. 生态学报，2015，35（1）：212–218.

［16］刘世荣，杨予静，王晖. 中国人工林经营发展战略与对策：从追求木材产量的单一目标经营转向提升生态系统服务质量和效益的多目标经营［J］. 生态学报，2018，38（1）：1–10.

［17］刘世荣，等. 天然林生态恢复的原理与技术［M］. 北京：中国林业出版社，2011.

［18］刘世荣. 气候变化对森林影响与适应性管理［M］. 现代生态学讲座（Ⅵ）全球气候变化与生态格局和过程. 北京：高等教育出版社，2013：1–24.

［19］刘世荣，王晖，杨予静. 人工林多目标适应性经营提升土壤碳增汇功能. 现代生态学讲座（Ⅷ）群落、生态系统和景观生态学研究新进展. 北京：高等教育出版社，2017.

［20］于振良主编. 生态学的现状与发展趋势［M］. 北京：高等教育出版社，2016.

［21］Richard J，Norby，Donald R．Zak．Ecological lessons from Free–Air CO_2 Enrichment（FACE）experiments［J］. Annual Review of Ecology Evolution & Systematics．2011，42：181–203.

［22］Liang JJ，Crowther TW，Picard N，et al．Biodiversity–productivity relationship predominant in global forests［J］. Science，2016，354（6309）：aaf8957.

［23］Melillo JM，Frey SD，DeAngelis KM，et al. Long–term pattern and magnitude of soil carbon feedback to the climate system in a warming world［J］. Science，2017，358（6359）：101–105.

撰 稿 人

刘世荣　肖文发　史作民　阮宏华　项文化　李景文　曾立雄　王　晖　张炜银

第十章　森林土壤

一、引言

　　森林土壤是指森林植被下发育的各类土壤的总称，是发展林业生产的物质基础，林木积累的光、热、养分、水分和空气除了部分来自大气外，大部分都要依赖森林土壤的补给，并依靠它的基础支撑，使林木挺立于大地并进行各种生命活动。

　　森林土壤学是林学的重要基础学科之一，是林学、土壤学、农业资源与区划、生态学、生物学及地质学等多学科之间的交叉学科，是研究森林土壤中物质的运动及其与周围生物和非生物相互关系的学科，学科内容包括森林土壤的发生和演变、分类和分布、组成、结构、性质、养分和土壤生物的动态变化、开发利用、改良和保护等。通过深入了解、科学管理并有效利用森林土壤资源，为森林土壤的可持续经营提供理论依据和技术支撑。随着科学技术及社会经济的发展，人类对木材和其他林产品的需求呈现不断增长的趋势，这与森林土壤的退化和减少产生了尖锐的矛盾，迫切需要合理利用有限的森林土壤资源，维护和提高森林土壤生产力，这一需求矛盾极大地促进了我国森林土壤研究的迅速发展。森林土壤对全球气候变化的响应及其机制也成为土壤学科研究的前沿和热点之一，相关研究领域受到前所未有的关注，极大地推动了森林土壤学科的发展。森林土壤学科研究范畴不断拓展深入，研究内容已从单一到综合、从现象到本质、从学科到领域、从传统到现代、从基础到实际，时间与空间特性的跨度更大。森林土壤学已成为支撑我国林业发展的核心基础学科，构成林学学科不可分割的重要部分。

二、国内外发展现状的分析评估

（一）国内外现状

　　当前国内外森林土壤学呈现出研究前沿不断更新，研究领域更广，研究内容更综合，研究任务更注重理论创新、社会需求，研究技术与方法更先进，研究趋势更定量化、动态化，定位研究更突出长期监测，研究范围日趋全球化、国际化。总结起来，国际森林土壤学发展的特点与趋势有以下几个方面：

1. 森林土壤学服务林业生产和林业生态环境建设是该学科发展的永恒主题

20世纪以来，由于人类生存与发展空间的不断扩展以及集约化经营带来的林地土壤质量退化等问题，使得森林土壤对林业生产的保障能力正经历着严峻的考验。因而，围绕森林土壤支撑林业生产的研究一直受到国际土壤学界的广泛重视，如何理解和认识土壤的演化过程，如何科学有效地利用土壤、如何保护土壤可持续生产能力、如何保障高强度利用背景下的土壤安全，成为森林土壤学面临的前沿科学问题。基于林业生产在人类社会发展过程中的重要性和科学体系的重要地位，森林土壤学服务林业生产成为土壤学研究的重要命题。

2. 森林土壤学与全球气候变化研究联系更加紧密

森林土壤作为地球表面特殊圈层，是支撑人类生存活动和陆地生态系统可持续的基础，也是与岩石圈、大气圈、水圈和生物圈紧密联系的界面圈层。20世纪以来，人类活动引起的大气温室气体攀升、温度升高、土壤酸化、氮沉降等全球气候变化问题日益加剧，已成为当今人类社会面临的重大环境问题。一方面，森林土壤作为陆地生态系统的巨大碳氮库，在生态系统循环过程中，通过生成或消耗温室气体（CO_2，CH_4，N_2O 等）以及其他气体（如 NH_2，NO_x），直接或间接地影响着气候变化；另一方面，全球气候变化通过降雨、温度和养分沉降等变化，影响生态系统的生产力及其稳定性，进一步对土壤过程产生影响，因此，随着全球气候变化的加剧，陆地生态系统在减缓全球气候变化中起到的重要作用得到了广泛的重视，森林土壤与全球气候变化研究的联系日趋紧密。

3. 森林土壤污染与修复研究成为重要方向

随着工业化和城市化的不断发展，工矿采、选、冶"三废"，化肥及除草剂不合理施用及经济林农药大量使用，汽车尾气排放污染，导致进入土壤的污染物类型与数量逐渐增多，由此引起的土壤污染问题日趋严峻。森林土壤污染将导致土壤生物活性和土壤肥力降低、林产品产量及品质下降，并通过食物链传递、直接暴露接触等途径危害人体健康。因此，森林土壤污染与修复研究在维持土壤功能，保障生态安全、林产品安全和人体健康等方面具有重要意义。探明土壤污染特征、污染物溯源、污染风险评价与修复，成为森林土壤学研究的重要方向。

4. 宏观研究与微观机理研究持续深化

土壤环境的变化体现在宏观过程的改变，而宏观过程又是由微观机理所决定，因此，森林土壤演化、森林土壤侵蚀、森林土壤水文过程及流域生态过程等宏观过程均与土壤物理结构微观变化、元素循环过程和生物机理密切相关。借助模型模拟对宏观过程进行深入刻画并进行预测、预警管理，微观机理研究主要集中在根际区域并以养分－植物－微生物之间的关系为主线，在保持以氮素转化和根际研究为核心的同时，研究重点逐步由土壤肥力向土壤健康和土壤生态转变，土壤中除植物外的其他生物如微生物逐渐受到重视，正朝着融合生态学观点，以系统、整体的观点对土壤物理化学要素和生物要素间的关系进行深入研究。

5. 形成森林土壤多学科交叉创新研究

森林土壤是地球演化的产物，是岩石母质、微域地形、区域气候、时间过程和各种生物共同作用下形成的复杂历史自然体，这一本质特性决定了森林土壤学是服务于人类社会应用的基础学科，是具有多学科交叉的重要特征。近30年来，计算科学、信息科学、生命科学、物理、化学和地球科学等基础学科的先进技术快速发展，多学科的理论突破为现代土壤学研究提供了新思维，形成了以物质形态、化学属性和生物功能为中心的独特理论与研究方法，极大地提升了森林土壤学的认知水平和社会服务能力。"3S"技术为森林土壤资源研究与管理插上了翅膀，土壤学与水文学的交叉实现了土壤孔隙—土体—流域—区域甚至全球范围内的空间尺度的有效联结，与化学、光谱技术、微生物学的结合极大地提高了对土壤污染的认识水平及修复能力，交叉学科的发展给现代土壤学发展带来了新的活力，地球关键带是多学科交叉研究的战场，森林土壤过程与演变研究向地球关键带扩展，成为地球系统科学的一部分，解决地球各圈层交互作用、全球变化、跨界面和流域环境污染及控制问题的能力大大增强。

6. 森林土壤原位观测与野外定位试验成为研究的重要手段

自20世纪90年代以来，随着大量原位和定位分析手段的导入，森林土壤学研究得以从实验室的理化分析走向野外的长期定位观测。稳定同位素、同步辐射、遥感遥测、系统模型等关键技术的应用均极大地提高了土壤过程和功能的原位监测能力。原位观测和长期定位试验的结合已成为当今系统认知土壤特性的重要手段，使土壤物理化学试验走向生物学过程试验、林木施肥试验走向生态系统试验、单一环境因素试验走向整合和网络试验。

7. 森林土壤多样性与土壤生态服务功能研究逐步得到重视。

土壤是生命之本，孕育了地球1/4的生物多样性，是地球初级生产力最重要的承载体。2015年联合国粮农组织批准通过了《世界土壤宪章》，强调了土壤资源的重要性，认为"土壤多样性与生态服务功能"是人类福祉不可分割的部分。近30年来，土壤多样性与生态服务功能的相关研究发展非常迅速，不仅实现了从无到有的突破，还实现了从弱到强的转变，展现了强劲的发展动力，成为土壤学研究的新热点，是面向未来解决生态和环境等领域重大国际需求的重要内容。

这些发展对维护森林土壤生产力、防治森林土壤退化以及提高生态服务功能有着重要意义。

（二）研究前沿、热点

1. 森林土壤碳平衡与大气CO_2浓度升高

有机碳数量与质量研究；森林土壤与植被之间的互动机制；森林植被发育或演替过程中土壤碳氮过程的分异机理；大气CO_2浓度的上升与植物地上、地下部分生物量分配策略。

2. 森林土壤氮循环与大气氮沉降

揭示土壤氮的循环过程与机制研究；氮沉降对碳转化和固碳过程与机制研究；土壤微生物对氮沉降的响应研究；氮沉降对土壤氮转化的影响研究。

3. 土壤生物多样性和植被对全球变化的影响

土壤食物网结构及土壤生物间的互作机制是土壤生物多样性与生态系统功能（如碳氮循环过程）关系的核心问题之一。土壤生物多样性及其维持机制，地下与地上部分的关联和相互作用及其对整个生态系统的影响，是现代生态学发展的趋势和前沿。

4. 森林土壤污染及修复

主要包括土壤重金属污染源解析；土壤重金属区域污染特征与风险；土壤重金属污染过程与机制；土壤重金属污染生态效应与污染土壤重金属修复及有效性等。

从近几十年的研究资料可以看出，国际森林土壤学科发展态势向着纵深方面、多学科交叉方向发展，服务于林业生产研究是永恒的主题，土壤污染和修复研究成为重要方向。

5. 森林土壤定位研究

森林土壤学与全球变化研究联系更加紧密，土壤宏观过程和微观机理研究持续深化，原位观测与野外定位实验成为研究重要手段，土壤多样性与生态服务功能研究逐步得到重视。

三、国际未来发展方向的预测与展望

（一）未来发展方向

1. 基于土壤安全和永续利用的森林土壤高效经营研究

随着社会经济发展、人口增长和人类生活水平的提高，森林土壤退化和减少的现实，与人类对森林产品与服务需求增长之间矛盾更加突出，使得森林土壤对林业生产的保障能力正经历着严峻的考验，如何理解和认识森林土壤的演化过程、如何科学有效地利用土壤、如何保护土壤可持续的生产能力、如何保障高强度利用背景下的土壤安全，必将成为森林土壤学研究的重要命题。因此，研发养分高效管理、水分高效利用和高产栽培等技术集成创新的森林土壤综合管理技术措施成为关键。

2. 土壤污染与修复研究

随着工业化和城市化的不断发展，工矿采、选、冶"三废"，化肥、农药、除草剂等化学品的大量使用，车辆的增加，酸雨、大气沉降等导致进入森林土壤的污染物类型与数量逐渐增多，土壤污染状况日益严重。围绕保障林产品质量安全、生态安全、人体健康，探明土壤污染物特征、污染物溯源、污染风险评价及修复与再利用技术的研发，将成为森林土壤科学面临的前沿科学问题。

3. 森林土壤与全球变化研究

20 世纪以来，人类活动引起的大气温室气体攀升、温度升高、土壤酸化、氮沉降等全球变化问题日益加剧，已成为当今人类社会面临的重大环境问题。其中，土壤生物驱动的元素生物地球化学循环过程是全球变化的重要驱动力之一。在全球变化和社会可持续发展的大背景下，形成以土壤碳氮循环过程为核心，以土壤固碳与温室气体减排、气候变化响应、微生物学机制及模型研究为重点内容的学科交叉态势。

4. 森林土壤宏观过程与微观机理研究

森林土壤环境的变化体现在宏观过程的改变，而宏观过程又是由微观机理所决定。作为宏观过程的重要主题，水、土、氮素的流失对土壤资源和生态环境的负面影响将是制约社会、经济与环境协调发展的关键因素，也将是未来需进一步加强土壤宏观过程、人类活动与气候变化相互关系的研究。氮素转化过程一直是土壤微观机理研究的重要问题，根际是土壤－植物－微生物相互作用的中心和物质能量交换最活跃的区域，将一直是土壤微观机理研究的重要区域。土壤微观机理研究在保持以氮素转化和根际研究为核心的同时，研究重点逐步由土壤肥力向土壤健康和土壤生态转变。土壤微生物的研究将会越来越受到重视，越来越多的生态学观点将会融合到土壤微观机理的研究中。

5. 森林土壤多学科、交叉学科创新研究

森林土壤是岩石母质、微域地形、区域气候、时间过程和各种生物共同作用下形成的复杂历史自然体。随着人类社会和学术界对土壤整体上认识水平的不断提升，计算科学、信息科学、生命科学、物理、化学和地球科学多学科交叉与融合，为森林土壤学研究提供了新思维，形成了以物质形态、化学属性和生物功能为中心的独特理论与研究方法，为森林土壤学研究带来了新的机遇，也可为应对国家重大需求提供重要的理论和技术支撑。

6. 森林土壤学数字化、信息化、模式化以及智能化管理系统构建

利用原位观测和长期定位研究数据系统认知森林土壤特性，使土壤物理化学实验走向生物学过程实验、土壤肥料实验走向生态系统试验、单一环境因素实验走向整合和网络试验。物理学、数学及计算机等科学进入森林土壤学科，引发了当今森林土壤

学的数字化和信息化革命。加之物联网技术的应用，使我国主要林区森林土壤数字化、信息化、模式化与智能化管理成为可能。

（二）关键技术

1. 森林土壤质量评价及监测技术

由于人类活动干扰的强度和范围不断扩大，全球或区域环境变化的影响不断加剧，森林土壤质量总体呈现衰退趋势，特别是集约经营人工林土壤退化严重，导致森林的生态服务功能普遍下降，并且在不同程度上危及区域的生态安全。随着国家对森林经营管理的重视，一些基础性的土壤质量研究提到议事日程上来。因此，利用当前最新技术手段，筛选区域性的敏感性和重要性指标，对我国各生态类型区域开展森林土壤质量监测和评价，建立定位观测网络，搭建数据共享平台，为我国生态安全预警系统的建立提供数据支撑迫在眉睫。但森林土壤质量退化的原因和机制错综复杂，建立土壤质量分级标准、构建评价系统、监测系统和预警系统，这是森林土壤学科未来相当长一段时间的工作重点。

2. 森林土壤长期生产力维持技术

普遍出现的森林土壤质量退化问题，催生了森林经营过程的长期生产力维持问题。实际上作为长周期生命系统，森林自身也需要土壤长期维持肥力。对于集约经营的人工林，土壤长期生产力维持的问题就更为突出。我国人工林面积逐渐增大，目前已超过 6900 万公顷。面对快速发展起来的人工林，由于经营技术水平不高，并且出现了生长量逐代大幅度下降的普遍现象。尽管已经开展了大量研究工作，但面对人工林土壤质量的严重退化，一些问题还是没有根本解决。因此，研究并建立人工林土壤长期生产力维持技术，以及相应的土壤质量评价指标体系，为退化森林土壤治理模式及配套技术措施的研制提供科学依据，这是森林土壤学当务之急。

3. 退化森林土壤恢复技术

森林土壤退化是一个非常综合和复杂的过程。天然林与人工林都存在地力下降问题，但对于集约经营人工林，土壤肥力退化和生产力下降问题尤为突出。针对不同区域存在的土壤退化问题，构建土壤质量恢复和生产力维持的关键技术。包括盐碱化、沙化、土壤酸化、土壤污染等问题，揭示各类森林类型土壤质量退化的成因与机制，研发土壤退化阻控和修复的关键技术体系，提高森林的土地生产力。比如重建先锋群落、配置多层多种阔叶林、封山育林、透光抚育；修复矿区土壤，土壤沙化治理应遵循因地制宜的原则，宜林则林，宜草则草；充分利用自然降水，研发保水材料，强化土壤保蓄水功能的研究，推广抗旱保墒和节水灌溉技术；利用生物技术，改善森林凋落物环境，发展林下植被，促进森林土壤生态系统的良性生物小循环；通过向盐碱土壤中添加不同种类的有机物或有机物和无机物的混合物，有效地降低了土壤盐碱含量，改良土壤性质，提高造林成活率。

四、国内发展的分析与规划路线图

（一）需求

当今，社会环境纷繁复杂，自然系统失稳多变，森林土壤成为人—地复杂性系统中的核心要素之一。无论是在养分供应还是固碳减排，森林土壤均发挥着至关重要的作用，我国现代林业发展和国家需求是森林土壤学科发展的外在驱动力，学科交叉、技术进步是森林土壤学科发展的内在驱动力，基础数据与系统理论方面的需求包括：现代成土过程与森林土壤资源演变、森林土壤信息数字化表征及其资源管理、森林土壤生物组成与群落构建、森林土壤微生物群落及其时空演变特征、根际土壤 – 植物 – 微生物相互作用机制、森林土壤结构形成稳定机制与功能揭示、森林土壤碳氮磷循环及其环境效应、森林土壤碳氮过程与驱动机制等，行之有效的退化土壤质量调控技术是一直以来渴求的技术需求。

（二）中短期（2018—2035 年）

1. 目标

（1）学术发展

基本形成以专业委员会为指导，中国科学院、中国林业科学研究院和各林（农）业大学为主体的学术协同创新体系，致力于在重大森林土壤领域的学术探索，在学科相关的国家发展战略和重大科技计划制订中发挥重要作用，扩大森林土壤学研究学术影响力，为学科理论发展作出较大贡献。

（2）技术进步

以资深的土壤科学家为指导，年轻的森林土壤科研工作者为主体，以各种科技计划为依托，以提升森林土壤生态服务功能为目标，在路线创新、监测技术、质量评价、生态调控等关键技术领域有新突破。

（3）工程措施

以研究机构与森林土壤相关应用企业协同创新为机制，以解决林业生产实际问题为目标，以土壤质量与产量保障能力稳步提高为重点，开展技术集成创新研发，使我国森林土壤退化修复水平、土壤智能化管理水平达到较高水平。

（4）应用示范

在与研究区试验条件基本一致的相应区域进行科研示范，达到快速、稳定推广效果。

（5）人才培养

加强研究机构间研究生和专业技术人才培养的合作，使本学科研究生在社会责任、学科义务、学术修养、创新能力和服务意识等方面有显著提高，先进技术为专业技术人员普遍掌握。

2. 主要任务

（1）自然资源调查与管理领域

现代成土过程与森林土壤资源演变：现代环境条件下，全球气候变暖、酸沉降严重、大气颗粒物增加、人为活动加剧等，森林土壤的发生和形成亦会产生变化，从而影响土壤资源的演变。随着学科之间的交叉、新的研究方法和手段的运用以及认识水平的提高，现代土壤发生过程逐渐从关注单纯的自然因素作用扩展到人为因素的影响，从静态发展演变到动态研究，从实验室走向田间，从表观现象发展到机理探索，从定性深化到定量。与土壤发生过程相关的同位素技术等关键技术的发展将对土壤成土过程和演变机制研究有新的突破。

森林土壤信息数字化表征及其资源管理：森林土壤调查的目标是对土壤空间变异的规律性进行认识与表达，以便适应不同的土壤特性采取相应的利用和改良措施。森林土壤信息数字化表征与资源管理是以土壤的时空变异和土壤利用与管理为研究对象，基于信息技术平台，力求以低成本、高效、高精度的方式获取和表达土壤信息，对土壤资源的数量、质量及其演化进行评价，以满足各领域的需求。依赖 GIS 空间分析技术、RS 数据源，利用现代统计方法，将大量开展土壤空间异质性的模拟与表达，助力土壤质量、土壤退化等资源管理的研究工作。

（2）森林土壤组成、结构与功能研究领域

森林土壤结构形成稳定机制与功能：土壤结构是指不同大小和形状的颗粒、团聚体、孔隙的空间排列与组合。土壤结构不仅反映土壤水分和养分存储及运输能力，同时，土壤结构也是根系、土壤动物和微生物等土壤生物的活动场所。研究表明土壤结构阻碍微生物对有机质的分解，对有机碳具有物理保护作用，成为土壤固碳重要机制之一。在全球气候变化背景下，随着 CT 扫描、同位素标记和计算机图像分析技术的快速发展，不同林分和气候带森林土壤结构特征与生态功能相关机制研究将会越来越深入。

森林土壤生物组成与群落构建：森林土壤生物组成与群落构建研究主要在解析土壤生物组成、群落结构及其环境要素关系的基础上，结合土壤生物间的相互关系，识别群落构建关键过程，阐明土壤生物群落构建机理，揭示土壤生物群落与土壤生态功能的关系，最终为土壤生物多样性预测、评价、调控以及生态系统功能实现、生态环境恢复与优化提供科学依据和技术支撑。森林土壤生物种类繁多、功能多样，同时个体微小，深入研究难度大，分子生物学技术、原位长期生态监测方法、土壤生态系统建模方法等应用大大促进了对土壤生物多样性的认识，使我们有能力了解和研究复杂的土壤生物组成与群落结构。

森林土壤微生物群落及其时空演变特征：土壤微生物常被比作土壤养分元素循环的"转换器"、环境污染的"净化器"、陆地生态系统稳定的"调节器"，土壤微生物参与了土壤中几乎所有的物质转化过程，对土壤生态系统功能有直接的影响，森林土壤微生物群落及其时空演变特征研究有助于深入挖掘土壤生物资源，深刻理解土壤中微生物多样性产生、维持的机制和陆地表层环境内在特征，预测土壤生态系统功能的演变方向。新一代高通量测序、组学技术以及生物信息分析技术的发展极大地提高了土壤微生物群落研究的灵敏性，为充分解析复杂土壤环境中微生物群落的时空分布及其驱动机制提供了技术支撑。

根际土壤－植物－微生物相互作用：根际是土壤－植物－微生物相互作用的重要界面，是土壤－植物－微生物相互作用的中心和物质能量交换最活跃的区域，根际环境中根际土壤－植物－微生物的互作关系维系着土壤生态系统的各项功能。因此，根际土壤－植物－微生物相互作用研究对于认识根际生命活动过程，解决连作障碍、根系修复等实际问题具有重要意义。同位素标记、原位检测、现代生物化学、分子生物学和宏基因组学等技术的发展，成为根际土壤－植物－微生物相互作用研究最关键的驱动力。

（3）森林土壤与全球变化研究领域

森林土壤碳、氮、磷循环及其环境效应：碳、氮、磷是重要的生源要素，对人类生命和生活具有重要意义。森林土壤碳、氮、磷不仅影响生态系统生产力，而且影响到元素生物地球化学循环过程，直接或间接地影响着全球气候变化速率和区域表现，因此森林土壤碳、氮、磷循环及其环境效应已成为全球普遍关注的重大环境问题和人类生存发展的重要问题。由于森林土壤碳、氮、磷生物地球化学循环过程极其复杂，同时这些过程发生在地表各圈层相互作用最为强烈的区域，几乎受到所有自然因素的作用，而且还受到各种人类活动的干扰，造成森林土壤碳、氮、磷生物地球化学循环特征的时空变异极大。基于稳定同位素标记等新方法的运用为森林土壤碳、氮、磷交换通量的测定提供了技术支撑。

森林土壤碳循环的微生物驱动机制：森林土壤碳库是陆地生态系统中最大的碳库。森林土壤碳的积累和分解的变化直接影响森林土壤的碳贮藏与全球的碳平衡。由于碳循环驱动因子的复杂性、森林类型的多样性、结构的复杂性以及森林对干扰和变化环境响应的时空动态变化，至今对全球气候变化背景下的森林生态系统关键碳过程、固持潜力及其稳定性维持机制的认识还十分有限，导致对森林土壤碳储量和变率的估算存在较大的不确定性。因此，深入研究森林土壤碳循环驱动机制对于准确理解全球变化背景下陆地生态系统碳循环过程、研究其稳定性维持机制、预测全球碳汇动态具有重要的理论与指导意义。如何准确理解森林土壤碳循环过程中的微生物驱动机制，将是以后相当长一段时间内研究的主要内容。

（4）森林土壤生态功能提升技术领域

退化土壤质量调控技术：森林土壤是不可再生的稀缺资源，人口增长、工业发展、不合理利用加之全球气候变化加速了土壤退化进程，酸化、沙化、石漠化、盐渍化等退化现象导致土壤功能及其生态服务能力下降，甚至丧失。退化土壤功能修复是我国有限土壤资源可持续管理和国家发展的长期需求，利用微生物、功能植物、生物炭等生态修复与调控技术体系是今后研究的重要内容。

（5）森林土壤人才队伍建设

国内专业森林土壤从业人员数量较少，并且绝大多数从事森林土壤研究人员不具备林学背景，人才队伍相当匮乏。中短期可以通过高层次人才引进与本土人才培养相结合的政策，建成一支年龄结构合理、专业素质过硬的创新队伍，结合各类科技项目培养一批业务能力强、发展潜力大的优秀青年人才。落实"引进与培养并举"的人才培养政策，探索灵活多样的人才孵化机制，在继续加大国际高端人才引进力度的同时，注重森林土壤学科本土青年科技人才的培养与支持，健全人才协同培养机制；着力培养"青年领军人才"，充分利用领军人才科技创新水平与核心竞争力，依托森林土壤专业委员会成立青年人才指导小组，在创新能力培养、林业新兴技术研发与各类人才项目申报等方面给予本行业青年人才必要的支持与指导，发挥行业领军人才的创新引领作用，培养德才兼备的青年拔尖人才；针对森林土壤领域关键技术瓶颈与重大需求，结合"大林学"整体发展需要，加强与其他学科的交叉融合，加快建设理论型、技术型与复合型青年人才分类培养体系；完善多元化评价标准，健全个性化管理体制，充分激发各类人才的创新活力；加大研究生人才队伍的建设与质量提升，为森林土壤学科建设储备充足的后备力量，全面提高我国森林土壤研究创新发展水平和土壤人才国际竞争力；从而建立多元化人才培养模式，激发各岗位青年科技人才的奉献热情。

3. 实现路径

（1）面临的关键问题和难点

国内的森林土壤学研究起步较晚，自1954年成立森林土壤学科至今只有65年。自成立以来，在广大森林土壤工作者共同努力下揭示了我国森林土壤资源的分布；开展了森林土壤分类系统研究；阐明了我国主要造林树种杉木、杨树、马尾松、桉树等人工林地力衰退的原因机理及对策；进行了森林土壤分析方法标准化及森林土壤标准物质的研究。同时在森林土壤污染及其防治技术、森林土壤碳储量、森林土壤利用对全球气候变化影响等方面也取得了一系列的进展。这些研究初步揭示了森林与土壤之间的相互作用规律,为我国森林土壤资源的保护和合理利用、森林土壤管理及其生产力提升提供了科学依据。然而由于森林土壤成土因素巨大的空间异质性,土壤生物地球化学循环和成土过程的复杂性,以及取样分析过程中人为因素的影响,使得人们对森林土壤的认识还比较肤浅。此外,由于人为活动对土壤自然生态过程的干扰,以及全球环境变化对土壤过程影响程度的加剧,准确预测森林土壤质量的演变,还难以满足当前社会发展的需求。其次,国内对于森林土壤研究的科研经费投入明显不足,土壤分析测试设备老化,先进的野外观测设备缺乏;森林土壤学科人才严重不足,森林土壤专业从业人数的缺乏大大限制了本学科的发展。与发达国家森林土壤研究相比,尽管我国在近些年来取得较快的发展,但国内的森林土壤学发展仍以跟踪研究为主,自主创新不足。虽然国内较早在 20 世纪 60 年代便开始定位研究,但直到 21 世纪初才由 CERN 的几个野外站按照统一的指标体系系统开展定位研究,而且至今没有形成真正意义的数据共享,与北美的 LTSP 联网研究相比,国内的联网仍处小范围的起步阶段,研究结果存在很大的区域局限。

(2)解决策略

针对自然资源调查与管理领域,通过土壤调查与采样方法的优化深刻认识和科学表达土壤环境变异关系,开发有效环境变量。对全国土壤调查数据进行标准化处理,采用数据挖掘技术对土壤图进行更新细化,对缺失区域进行基于模型的填充,属性数据更新建模,土壤转化函数建模等,在遥感与地理信息系统技术支持下完成土壤信息数据集成及大数据管理。通过同位素等技术,对土壤中重要生源要素的输入和输出进行标识,明确元素的来源和去向,定量化环境对土壤的作用程度。从宏观尺度,把土壤发生和成土过程的研究放在"关键带"内,在水、土、气、生、岩共同作用下研究成土过程。

针对森林土壤组成、结构与功能研究领域,以宏观功能为导向,从微观机制阐述土壤结构机理;应用一些新技术和新方法如同步辐射近边精细吸收谱(NEXAFS)与扫描透射 X 射线显微(STXM)技术,原位研究团聚体胶结物质的形态和空间分布,深入阐述团聚体形成过程。揭示森林土壤生物组成、群落结构及其多样性的多尺度空间格局和形成机制;研究人类活动、全球变化影响下土壤生物组成、群落结构与多样性演变;揭示森林土壤生物物种间相互作用、群落构建过程与群落内物种共存机制;揭示土壤生物组成和群落结构调控与土壤生态功能实现机制;引进新技术与方法以及采用长期定位试验研究森林土壤生物组成与群落构建;对于森林土壤微生物群落及其时空演变研究拟通过微生物宏基因组学、转录组学、蛋白质组学等组学技术研究不同尺度下土壤微生物群落的分布规律、森林土壤微生物群落与植物群落的协同分布、森林土壤微生物群落时空分布与功能耦合以及典型土壤微生物群落的时空分布,构建森林土壤微生物群落的整体代谢网络，解析微生物群落对环境变化的响应机制。将现代仪器分析技术和分子生物学技术运用到根际研究中，形成以根际土壤微生物过程与功能为中心的根际生态系统理论体系，采用沙培和水培原位采集技术采集根际土壤和根系分泌物，采用宏基因组学和蛋白组学技术确定更多的调控根系行为信号物质，对此信号物质进行调控，解决生产实践问题。

针对全球变化背景下的元素循环及微生物驱动机制研究通过宏基因组学和转录组学等技术解译关键微生物参与磷活化和代谢的关键基因，加强元素转化过程之间的耦合作用研究，拓展微生物机理过程与原位通量观测的尺度转换研究，注重机理探索与调控措施相结合的耦合研究。

针对不同退化土壤质量下降与生态服务能力降低的实际问题，注重理解土壤有机质数量和质量对土壤结构稳定、土壤水分养分保持、土壤污染物分解、吸附和解吸等功能的调控作用及其对管理、干扰和气候变化的响应；理解土壤性质和过程变化的尺度效应及其对水循环、碳循环、温室气体排放、土壤生物系统演替等生态系统过程的影响，揭示土壤质量变化与土壤功能退化或恢复的关系；建立评价土壤健康理论的长期恢复试验；建立以土壤系统过程为核心的生态功能模拟模型，开展多尺度研究。明确不同退化类型关键影响因子及驱动机制；因地制宜采用单一或联合生态修复技术。将验证成熟的生态修复模式进行推广并做好监测其生态风险。

（三）中长期（2036—2050 年）

1. 学科发展目标

以全面维护森林土壤资源，发挥其最佳生态服务功能为目标，不断创新理论和技术，使森林土壤研究水平和影响力进入世界前列，技术和产品在促进美化优化生态环境等方面发挥更加重要的作用，为维护国家生态安全，建设国家生态文明和美丽中国作出更大贡献。

2. 学科发展主要任务

以森林土壤学理论创新、森林土壤资源评价与可持续经营、森林土壤资源可视化监测技术、人工林土壤智能一体化管理系统、森林土壤自然价值评估、森林土壤文化价值展示、国际履约的土壤学问题等作为主要学科发展任务，密切结合林业经济、生态安全与全球事务的未来发展需求。

3. 关键问题与难点

国家对土壤健康及生态文明建设的重视空前，硬件条件及研究经费均可以保证森林土壤相关研究向着最高质量进发，然而，长期的跟跑使得现有森林土壤研究者对森林土壤重大科学问题缺乏敏感性，而后续的森林土壤研究群体数量依然不够壮大，因此创新思维和庞大的研究群体将是我国现阶段森林土壤需要着重培养的目标。

4. 发展策略

建立我国森林土壤学科发展与新常态和重大科技变革趋势相适应的主动应变机制，密切各研发机构间的学术协作，构建学术发展共同体和行业智库，积极服务国家生态文明与行业发展需求，为重大政策和科技进步提供智力支持与创新依托，巩固和加强学科在促进服务领域高水平发展中的重要地位。

以国际重点学术发展方向与前沿科技研究领域为引导，充分利用现代分析技术、现代分子生物学、生物信息学和生物组学理论，融合其他学科先进理论与技术方法，形成分子土壤学交叉学科，更深入认识森林土壤的本质，揭示其奥秘，挖掘其功能，真正实现森林土壤的永续经营。

（四）路线图

针对林业生产、环境安全等国家与行业需求，围绕森林土壤资源结构与功能的深入认识、森林土壤与气候变化相互关系的揭示、森林土壤资源信息化、数字化、模式化表征与智能管理，结合其他学科发展的技术成果，采用日益发展的先进的监测、检测、分析、处理技术，实现森林土壤基础理论研究的拓展、关键技术的突破、工程示范的延伸以及创新人才的培养。发挥森林土壤作为地球关键带重要组成部分所应发挥的重要生态服务功能和文化服务功能。推动森林土壤学科自身理论发展和解决生产和实践应用的协同发展（图10-1，图10-2）。

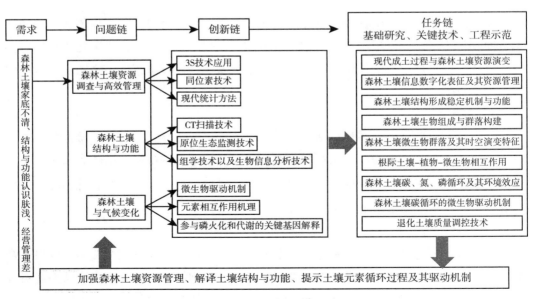

图 10-1　森林土壤学科发展规划路线

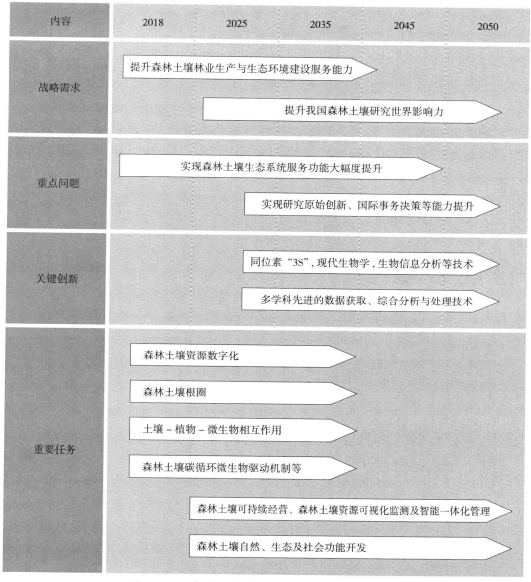

图 10-2　森林土壤学科中长期发展技术路线

参考文献

［1］Akselsson C，Belyazid S．Critical biomass harvesting–Applying a new concept for Swedish forest soils ［J］，Forest Ecology and Management，2018，409：67-73．

［2］Adamczyk B，Kilpeläinen P，Kitunen V，et al．Potential activities of enzymes involved in N，C，P and S cycling in boreal forest soil under different tree species ［J］．Pedobiologia，2014，57（2）：97-102．

［3］ Baruc KJ, Nestroy O, Sartori G. Soil classification and mapping in the Alps: The current state and future challenges ［J］. Geoderma, 2016, 264: 312-331.

［4］ Bonanomi G, Incerti G, Giannino F, et al. Litter quality assessed by solid state ^{13}C NMR spectroscopy predicts decay rate better than C/N and Lignin/N ratios ［J］. Soil Biology & Biochemistry, 2013, 56 (6): 40-48.

［5］ Christopher W, Fernandez, Peter G, et al. Revisiting the "Gadgil effect": do interguildfungal interactions control carbon cycling inforest soils? ［J］. New Phytologist, 2016, 209: 1382-1394.

［6］ Clemmensen KE, Bahr A, Ovaskainen, et al. Roots and associated fungi drive long-term carbon sequestration in boreal forest ［J］. Science, 2013, 339 (6217): 1615-1618.

［7］ Colin A, Benjamin LT, Adrien CF. Mycorrhiza-mediated competition between plants and decomposers drives soil carbon storage ［J］. Nature, 2014, 505 (7484): 543-545.

［8］ Dong WY, Zhang XY, Liu XY, et al. Responses of soil microbial communities and enzyme activities to nitrogen and phosphorus additions in Chinese fir plantations of subtropical China ［J］. Biogeosciences, 2015, 12: 5537-5546.

［9］ Ekblad A, Wallander H, Godbold D, et al.The production and turnover of extramatrical myceliumof ectomycorrhizal fungi in forest soils: role in carbon cycling ［J］. Plant Soil, 2013, 366: 1-27.

［10］ Lin GG, McCormack ML, Ma CG, et al.Similar below-ground carbon cycling dynamics but contrasting modes of nitrogen cycling between arbuscular mycorrhizal and ectomycorrhizal forests ［J］. New Phytologist, 2016, doi: 10.1111/nph.14206.

［11］ Hobley EU, Le GBA, Wilson B. Forest burning affects quality and quantity of soil organic matter ［J］. Science of the Total Environment, 2017, 575: 41.

［12］ Jiang CM, Yu WT, Ma Q, et al. Nitrogen addition alters carbon and nitrogen dynamics during decay of different quality residues ［J］. Ecological Engineering, 2015, 82: 252-257.

［13］ Liu CX, Dong YH, Sun QW, et al. Soil bacterial community response to short-term manipulation of the nitrogen deposition form and dose in a Chinese fir plantation in southern China ［J］. Water, Air, & Soil Pollution, 2016, 227 (12): 1-12.

［14］ Raiesi F, Beheshti A. Microbiological indicators of soil quality and degradation following conversion of native forests to continuous croplands ［J］. Ecological Indicators, 2015, 50: 173-185.

［15］ Wang JJ, Pisani O, Lin LH, et al. Long-term litter manipulation alters soil organic matter turnover in a temperate deciduous forest ［J］. Science of the Total Environment, 2017, 607-608: 865-875.

［16］ Wang M, Shi S, Lin F, et al. Response of the soil fungal community to multi-factor environmental changes in a temperate forest ［J］. Applied Soil Ecology, 2014, 81: 45-56.

［17］ Wutzler T, Zaehle S, Schrumpf M, et al. Adaptation of microbial resource allocation affects modelled long term soil organic matter and nutrient cycling ［J］. Soil Biology and Biochemistry, 2017, 115: 322-336.

［18］ Yang C, Wang SL, Yan SK. Influence of soil faunal properties and understory fine root on soil organic carbon in a "mesh bag" approach ［J］. European Journal of Soil Biology, 2016, 76: 19-25.

［19］Yang K, Zhu JJ, Gu JC, et al. Changes in soil phosphorus fractions after 9 years of continuous nitrogen addition in a larixgmelinii plantation［J］. Annals of Forest Science, 2015, 72（4）: 435–442.

［20］Zhang WD, Lin C, Yang QP, et al. Litter quality mediated nitrogen effect on plant litter decomposition regardless of soil fauna presence［J］. Ecology, 2016, 97（10）: 2834–2843.

［21］Zhang WD, Yuan SF, Hu N, et al. Predicting soil fauna effect on plant litter decomposition by using boosted regression trees［J］. Soil Biology and Biochemistry, 2015, 82: 81–86.

［22］宋长青. 土壤学若干前沿领域研究进展［M］. 北京: 商务印书馆, 2016.

［23］宋长青. 土壤科学三十年——从经典到前沿［M］. 北京: 商务印书馆, 2016.

撰 稿 人

焦如珍　孙启武　董玉红　厚凌宇　汪思龙　崔晓阳　耿玉清

第十一章　林业气象

一、引言

林业气象学是研究林木和大气之间相互关系的学科。其既是林学的一门基础学科，也是属应用气象学、森林生态学的一个重要分支。气象／气候条件是林木生长不可缺少的生态因子，是森林资源培育、结构稳定、效益持续的最基本条件。森林植被又通过与周围大气不断进行物质和能量的交换，从而影响并改变森林内及其影响所及地区的气象及气候要素，乃至全球气候变化。因此，林业气象学既要研究了解气象或气候条件对森林生物体的影响机制，也要研究森林生物体对气象或气候条件的反作用和影响。

林业气象学主要研究内容包括森林气象学理论与原理、林业气象观测原理与技术及模型模拟、森林微气象与小气候、森林与大气质量、营林气象、气候变化与森林植被、森林气象灾害等。发展目标为建设森林植被、保护和利用森林资源、维持生态系统平衡、应对全球变化、促进人类社会可持续发展，提供科学依据与技术支撑。关键技术是森林植被多界面多尺度物质和能量通量及森林大气环境质量精准观测、森林植被气候生产力和气象灾害精准预测等技术。

加强林业气象学研究对科学营造森林植被、保护与合理开发利用森林资源、维护生态系统平衡、保障人类生活与生产安全、支撑林业应对气候变化行动、促进生态文明建设与社会经济可持续发展，具有重要科学意义，并有助于进一步促进林学、应用气象学与森林生态学等相关学科的发展。

二、国内外发展现状的分析评估

（一）需求

1. 林业生态（建设）工程的科技需求

森林是陆地生态系统的主体。林业生态工程是保障国土生态安全、支撑美丽中国建设、促进生态文明发展的必要技术支撑。工程建设涉及诸多理论问题及关键技术与林业气象研究内容密切相关。主要表现如下：适生植物材料选引与气候相似性、森林植被耗水特征及水分供求关系、林下或林内小气候特征及林下目标生物的微气象适应性、城市林业与大气质量、林业生态工程区域尺度气候效应评估。

2. 林业应对气候变化的科技需求

全球气候变化已成为人类社会可持续发展面临的重大挑战。森林与气候变化有着内在联系。加强研究气候变化与林木生长的影响及其反馈机制，对林业应对全球气候变化具有重要的科学意义。

3. 防灾减灾与保障粮食安全的科技需求

我国是农业大国，但粮食安全一直为重要战略问题，在国家政策到位的前提下，与区域生态质量、农田生态系统防灾抗逆能力紧密相关。建设农田防护林是农业防灾减灾的重要措施。在粮食需求刚性增长、耕地和水资源紧缺及气候变化影响加剧的不利条件下，现急需全面研究不同尺度农田防护林系统对作物冠层微气象、农田水文气候的影响过程及机制，为结构优化配置、种间调控、水土资源承载力的确定提供必要的理论依据，以服务防灾减灾与保障粮食安全。

4. 森林康养产业与美丽中国建设的科技需求

森林康养产业是新时期林业发展的新业态，对促进生态文明和美丽中国国家建设具有支撑作用。随着我国社会经济的快速发展和人们生活水平的全面提高，各级部门及政府、社会民众对大气质量的需求和关注程度越来越高，促进了森林康养与森林旅游产业的发展。研究森林植被对大气质量（气溶胶、空气负氧离子、紫外辐射）的影响作用及机制，对森林康养产业和生态旅游发展具有重要的科学指导意义。

（二）国内外现状

1. 林业气象观测技术与模拟模型

光、温、水、气及风等基本要素（常规气象要素）状态量观测技术已比较成熟。森林生态系统湍流通量等过程量的地面自动观测技术逐渐先进，但缺乏区域尺度精细观测技术；预测气候对森林生长影响，研制了森林生产力及蒸散量模拟模型，例如：Miami、Thornthwaite、Chikugo、MTE、CASA 等经验半经验模型，SIB2、BIOM3 和 CLASS、BEPS、BIOME–BGC、Shuttleworth–Wallace 等过程机理模型，但各类模型精度均有待进一步提高，应针对具体树种对模型进行改进与优化。未来林业气象研究技术与方法的发展趋势是天 – 地 – 空一体化精细观测与模拟。此外，在森林生态系统与大气间水、热和碳交换研究中能量不闭合对测定结果具有很大的不确定性，研究者从仪器精度（净辐射、土壤热通量等）、能量平衡分量（如土壤热通量）的计算方法等开展了一系列研究，在一定程度上提高了能量闭合度。由于森林下垫面不均一，仍需进一步开展能量闭合研究，以降低森林生态系统水、碳通量观测结果的不确定性。

在站点尺度上，涡度相关法为森林与大气间水、热和碳交换研究提供了有效工具。但其观测数据只代表了特定环境条件下森林生态系统的水、碳通量特征，不能直接外推到区域尺度。在区域尺度上，缺乏生态系统格局和过程的动态观测数据，制约了区域尺度森林植被水碳氮物质和能量循环的深入研究。遥感技术和基于遥感观测的理论研究的发展使之成为可能。近年来，通量－遥感的多尺度联合观测及其数据－模型的融合成为森林生态系统水、碳循环研究的热点。

2. 营林气象

已基本了解主要造林树种（生态林）及经济林树种气候生态适应性、气象参数对特定树种生长发育的影响程度、气候条件对营林措施的影响等基本规律；基于回归统计学方法，提出了杉木及油松等典型造林树种气候生产力预测模型；基于涡度相关方法，观测研究了热带、亚热带、暖温带及中温带气候区典型森林生态系统固碳量及耗水量的变化特征及其影响机制。有待研究了解气象参数对林产品品质的影响程度及其机制，研究构建典型造林树种气候生产力机理模型。

3. 森林微气象与小气候

已基本了解森林微气象与小气候形成基本原理（物理机制）、农田防护林带（网）及农林复合系统气象效应及影响机制。有待研究区域尺度森林植被对局地气候的影响，特别是森林对降水及蒸散的影响、防护林体系区域气象及气候效应。

4. 森林气象灾害

近年来，研究者开始重视气候变化情景下森林火险和火行为的预测、林火排放温室气体量的定量估算等研究，已研究构建森林火险天气等级／指数，在森林火险预报模型研究方面已取得一定进展。其中，田晓瑞等（2017）在全国尺度上研究了过去 50 年主要气候特征及火险变化，预测了未来 2021—2050 年气候变化对森林火险的影响，为我国宏观林火管理提供了科学参考依据。目前，在区域尺度上，遥感技术已经成为林火监测的主要手段。日本发射的 Himawari-8 数据卫星能在短时间内监测大面积区域内的森林火灾，并能够获得足够好的分辨率，为确定山林火的方向性和其他重要数据提供了方便。需要加强研究典型树种主要病虫害气象学发生机制及其预测预报、典型经济林及用材林树种极端气象灾害预测预报等内容，提出气候安全保障技术体系。

5. 森林与大气质量

已初步研究揭示了森林植被对空气颗粒物如二氧化硫、二氧化氮等空气污染物以及植物精气、负离子浓度等影响效应，但影响机制尚未十分明确，应深入研究城市森林树种及其配置模式对大气质量的调控作用机制，并加强研究大气污染对林木生长发育影响。

6. 森林植被与气候变化

基于 IPCC 情景下，模拟研究了气温上升、CO_2 浓度增加、气候变化对主要树种分布及第一净生产力的影响。现有模拟研究忽略了不同林龄期、不同物种之间的竞争机制、极端天气或气候事件的影响。也未考虑森林植被对气候变化的反馈作用，要加强研究二者耦合过程及机制。

（三）研究前沿、热点

在观测技术方面，侧重于森林植被对界面多尺度温室气体通量和森林大气环境质量精准观测、森林植被气候生产力与气象灾害精准预测等前沿技术；在理论原理方面，侧重于多界面多尺度碳氮水通量耦合过程及其影响机制、人工林对全球变化的响应及适应机制、森林植被与气候变化耦合关系、森林康养微气象机理等热点研究主题。

三、国际未来发展方向的预测与展望

（一）未来发展方向

为林业生态（建设）工程建设与国土生态安全、林业应对全球气候变化、防灾减灾与保障粮食安全、森林康养产业与美丽中国建设提供理论指导与技术支撑。

1. 营林气象

研究典型树种气候生产力精准预测模型、人工林水分供需关系及其影响机制、森林生态系统固碳过程及其影响机制、重要林产品产量及品质提高对气象变化的响应机制、林下经济生物仿生栽培提质增效的微气象机制。

2. 防护林气象

研究区域尺度森林植被水热过程及防护林工程区域性气候效应、水资源紧缺地区林分水分供需关系，进一步计量与评估防护林多尺度气象/气候效应，优化防护林系统结构配置，为"三北"、平原农区等重点区域防护林工程建设及发展提供理论依据，支撑水土资源安全。研发农田防护林结构模拟模型及防护林作用条件下的作物生长模型，支撑国家粮食安全。

3. 森林气象灾害

森林火灾、旱情、病虫害等重大灾害发生的气象及气候学机理；研发基于气象、遥感、林木等数据的气象灾害监测预报预警实时信息服务平台，提出森林气象灾害精准预测预警系统；评估气候变化不同情景下，重大森林气象灾害危害程度。

4. 森林植被与气候变化关系

研究气候变化对森林植被及生态系统服务功能的影响；森林缓解气候变化机理、最大潜力及成本效益；气候变化与森林植被生长的耦合关系。

5. 森林康养和森林旅游气象

研究典型树种及森林类型、结构配置对大气质量的动态影响过程及效应，揭示森林植被对大气质量的影响效应及调控机理，支撑森林康养和森林旅游发展。

（二）重点技术

1. 森林大气环境质量和湍流通量实时精准观测技术

新材料及现代感知等高新技术的快速发展，促进边界层大气学、环境物理学与植被生理生态学等交叉学科进一步融合，助推林业气象观测技术向智能化方向发展，核心器件向低功耗、微型化方向发展，重点研究森林大气环境质量、多尺度多界面物质和能量通量实时精准观测等关键技术。

2. 森林植被与气象/气候耦合关系的多尺度精准模拟模型

在气候变化背景下，森林植被生长对气象要素的响应表现出动态的、非线性的规律，植被分布表现出明显的区域分异特征。基于地面－遥感多尺度观测数据，利用生物地球化学模型和动态全球植被模型（Dynamic Global Vegetation Model，DGVM），采用数据－模型融合方法，集成和定量表达植被对气候变化响应的空间分异规律，探讨植被生长与分布格局对光、热、水等气象要素的关键响应阈值与脆弱性机制。

四、国内发展的分析与规划路线图

（一）中短期（2018－2035 年）

1. 目标

为林业生态（建设）工程建设与国土生态安全、林业应对全球气候变化、防灾减灾与保障粮食安全、森林康养产业与美丽中国建设，提供理论依据与技术支撑。

2. 主要任务

（1）林业气象理论与精细化观测技术

完善建立山地森林等复杂下垫面下的相似函数等湍流理论；研发典型森林植被物候图像、典型树种生长胁迫快速与精准识别、森林大气质量精准监测等技术；研发 CH_4 及 N_2O 等痕量温室气体通量等参数 / 指标的精细自动观测技术；研发全生命周期森林气候生产力预测模型、森林气象灾害预报预警模型；研究主要经济林气象灾变过程监测和预报预警技术。

（2）重要经济林及用材林产量及品质形成的微气象机理和气候保障技术

深入研究水分、光强及温度等气象因素对林木生理生态及生理生化、形态及生物量要素的综合影响作用，了解林冠内外微气象因素分布特征，揭示重要经济林及用材林产量及品质形成的微气象机理，为森林资源高效培育及质量提升提供理论依据；研发重要经济林及用材林气象灾害指数保险技术及产品、精细化林业气候区划及引（扩）种灾害风险评估技术，集成建立优质高产与产业提质增效的气候保障方法体系。

（3）林下经济生物仿生栽培提质增效的微气象机理

研究了解野生药用、豆科经济及食用菌等经济生物的产量和品质形成的气象学原理、关键产量和品质指标的气候学差异特征；观测与模拟不同林分林下微气象要素时空分布特征，揭示林下仿生栽培经济生物的微气象机理，为仿生栽培经济生物产量增加与品质提升提供理论依据。

（4）人工林碳汇过程、水碳耦合及其响应机制

研究揭示全生命周期人工林生态系统碳汇过程及其响应机制、森林生态系统痕量温室气体源/汇过程及其影响机理；研究气候变化对森林植被物候期的影响，揭示植被物候期的变化对碳汇强度的影响机制，为林业应对气候变化行动提供理论依据。生态系统水碳耦合对气象要素变化的响应需要一定时间来反馈和表达，研究不同环境条件下气候要素对人工林水碳耦合的影响时滞效应，揭示不同人工林的水分利用策略，为今后的林业工程建议提供依据。

（5）重大林业生态工程多尺度气候效应及其影响机制

研究揭示国家重大林业生态工程的多尺度气象效应及其对气候变化的响应机制，定量评估重大生态工程对区域气候、全球变化的影响，提出不同温升情境下林业生态工程建设和维护对策。探讨生态脆弱区实施重大林业生态工程以来关键气候资源要素时空变化过程，揭示气候变化对生态脆弱区森林植被水、热资源承载力影响。

（6）大气质量与森林康养

研究典型树种及森林类型、林分结构对人体气候舒适度、空气负氧离子、大气颗粒物、芬多精等大气质量表征指标的动态影响过程，揭示森林植被对大气质量的影响效应及调控机理，为森林康养和森林旅游发展提供理论依据。

3. 实现路径

（1）长期定位观测研究与模型模拟研究相结合，提高研究深度与广度

林木生长周期长，其生育过程不仅受气候因素的影响，而且具有地域性。因此，长期性与动态性研究工作对全面揭示林木与气象、气候条件的关系十分必要，因此，需建立长期性观测研究基地，加强长期定位观测工作；试验研究虽可保证数据原始性和真实性，但因天气过程、地形地貌及林分结构的复杂性、人力物力条件的有限性等客观原因，难以开展长期性、连续性、区域性的试验观测，制约了研究结果的普适性，影响了推广应用价值。模拟研究可弥补试验研究的局限性。未来研究应注重试验观测与模拟模型相结合，以进一步提高林业气象研究深度与广度。

（2）多专业及多学科联合开展研究，协同提升创新研究能力

林业气象学是一门边缘性交叉学科，研究内容与环境物理学、环境化学、植物生态学与生理学、水文学、气象及气候学、应用遥感学等学科产生交叉。观测技术

水平及设备性能与物理学、光学及电子学等学科发展密切相关。近20年，正是上述学科技术的快速发展推进了林业气象观测技术的创新和完善，提升了林业气象研究水平、丰富了研究内容。未来林业气象研究方式会更加注重多专业、多学科的联合和渗透，发挥整体研究优势，协同提升创新研究能力，进一步促进相关学科的发展。

（3）加强人才队伍和创新团队建设，提升整体水平

要积极创造条件，通过培养和引进等多种方式强化创新团队建设，形成一批具有一定创新能力和发展潜力突出的中青年学术骨干、一批学术造诣深厚和在国际上具有一定影响力的学科带头人，并要注重博士研究生等后备人才的培养工作；鉴于野外长期观测工作在林业气象学科教学与科学研究中的特殊性和重要性，应稳定培养观测技术人才；鉴于林业气象学科的交叉性和综合性，应培养一批既熟悉气象学又了解林学、地理学等知识的全科人才。最终，形成结构完善的人才队伍和创新团队，以提高我国林业气象学科整体水平。

（4）加强平台条件建设，强化共享机制

条件平台是学科发展的基础。除需专项经费投入外，应充分依托各类相关野外定位观测研究站及重点实验室，加强林业气象研究平台条件建设工作。要强化共享机制，制定完善各种管理制度和办法，构建全国性林业气象协同观测研究网络与平台，实现资源与信息共享，大力提升我国林业气象学研究能力。

（5）加大和稳定经费投入，加强基础研究

林业气象学是一门基础性学科，且树木生长周期相对较长，需要长效稳定的科技经费支持。欧美发达国家一直重视林业气象新理论与新技术等基础研究，近些年来，加强了大尺度通量观测理论及技术研究。但我国长期以来，林业气象科研经费投入一直不足，特别是基础理论研究方面，严重缺乏连续性经费投入，影响研究工作的系统性和深入性，严重制约了原始创新能力的提升。因此，急需加大和稳定经费投入。

（二）中长期（2036—2050年）

建立完善学科体系，为科学营造森林植被、保护与合理开发利用森林资源、维护生态系统平衡、保障人类生活与生产安全提供理论依据，有力支撑社会经济可持续发展。

1. 林业气象快速精细观测与预测技术

研究揭示森林微气象与树木生理生态过程耦合关系，研发森林植被质量及生态系统健康快速、精准诊断与预测的理论与方法；研发森林植被气候生产力精准观测技术与预测模型。

2. 森林与降水关系

定量明确森林与降水的耦合关系，揭示水资源紧缺地区主要人工林水分供需关系及其影响机制。

3. 森林植被多尺度碳氮水通量耦合过程及其影响机制

研究不同气候区典型森林生态系统不同界面 CO_2、CH_4 及 N_2O 等温室气体通量耦合过程及其对生物要素、气象要素的响应机制，揭示区域尺度森林植被碳氮水耦合过程及其影响机制；研究了解在城镇不同绿化树种及其结构配置条件下，光合生产力、感热升温与潜热耗水的对尺度耦合关系及其动态变化特征，揭示城镇森林植被节能减排效应及其机制。

4. 气候变化与森林生长耦合关系

在了解气候变化对森林生长的影响基础上，进一步研究森林植被对气候变化的反馈作用及其机制，分析森林缓解气候变化机理与最大潜力，揭示气候变化与森林生长耦合关系。

（三）路线图

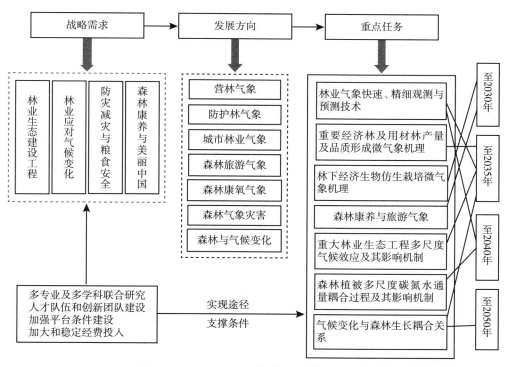

图 11-1　林业气象学科发展技术路线

参考文献

［1］Almeida AC, Siggins A, Batista TR, et al. Mapping the effect of spatial and temporal variation in climate and soils on Eucalyptus plantation production with 3-PG, a process-based growth model［J］. Forest Ecology and Management, 2010, 259: 1730-1740.

［2］Field CB, Randerson JT, Malmstrom CM. Global net primary production: combining ecology and remote sensing［J］. Remote Sensing of Environment, 1995, 51: 74-88.

［3］Hu JC, Liu LY, Guo J, et al. Upscaling solar-induced chlorophyll fluorescence from an instantaneous to daily scale gives an improved estimation of the gross primary productivity［J］. Remote sensing, 2018, 10: 1663.

［4］Liu J, Chen J M, Cihlar J, et al. Net primary productivity mapped for Canada at 1-km resolution［J］. Global Ecology & Biogeography, 2002, 11: 115-129.

［5］Liu X, He B, Quan X, et al. For more on Himawari-8 and its use in monitoring fires, see: Near Real-Time Extracting Wildfire Spread Rate from Himawari-8 Satellite Data［J］. Remote Sensing, 2018, 10 (10): 1654.

［6］Russell ES, Liu HP, Gao Z, et al. Impacts of soil heat flux calculation methods on the surface energy balance closure［J］. Agricultural and Forest Meteorology, 2015, 214: 189-200.

［7］Neinavaz E, Skidmore KA, Darvishzadeh R, et al. Retrieving vegetation canopy water content from hyperspectral thermal measurements［J］. Agricultural and Forest Meteorology, 2017, 247: 365-375.

［8］Sellers P, Randall D, Collatz G, et al. A revised land surface parameterization (SiB2) for atmospheric GCMs. Part I: Model formulation［J］. Journal of climate. 1996, 9: 676-705.

［9］Schimel DS. Terrestrial biogeochemical cycle: global estimates with remote sensing［J］. Remote Sensing of Environment, 1995, 51: 49-56.

［10］Tei S, Sugimoto A, Yonenobu H. et al. Tree-ring analysis and modeling approaches yield contrary response of circum boreal forest productivity to climate change［J］.Glob Chang Biology, 2017, 23: 5179-5188.

［11］Tong XJ, Meng P, Zhang JS, et al. Ecosystem carbon exchange over a warm-temperate mixed plantation in the lithoid hilly area of the North China［J］. Atmospheric Environment, 2012, 49: 257-267.

［12］Wang S, Grant R, Verseghy D, et al. Modelling plant carbon and nitrogen dynamics of a boreal aspen forest in CLASS - the Canadian Land Surface Scheme［J］. Ecological Modelling. 2001, 142: 135-154.

［13］Yang X, Tang JW, John F, et al. Solar-induced chlorophyll fluorescence that correlates with canopy photosynthesis on diurnal and seasonal scales in a temperate deciduous forest［J］. Geophysical

Research Letters，2019，10.1002/2015GL063201.

［14］贺庆棠. 中国森林气象学［M］. 北京：中国林业出版社，2001.

［15］刘树华. 环境物理学［M］. 北京：化学工业出版社，2004.

［16］王绍强，王军邦，居为民. 基于遥感和模拟模型的中国陆地生态系统碳收支［M］. 北京：科学出版社，2016.

［17］于贵瑞，孙晓敏. 陆地生态系统通量观测的原理与方法（第二版）［M］. 北京：科学出版社，2018.

［18］钟阳和，施生锦，黄彬香. 农业小气候学［M］. 北京：气象出版社，2009.

［19］周广胜，何奇瑾，殷晓洁. 中国植被/陆地生态系统对气候变化的适应性与脆弱性［M］. 北京：气象出版社，2015.

撰 稿 人

孟　平　张劲松　关德新　同小娟　黄　辉　施生锦

第十二章 木材科学与技术

一、引言

木材科学与技术学科包括木材科学与技术、木材工业、生物质复合材料工程三个方向，学科范畴包括木材学、木材加工、木制品、人造板、木基复合材料、木结构、竹藤利用等。随着经济社会发展和科学技术进步，木材科学与技术学科范畴不断拓展延伸深化，研究对象由天然林木材扩大到人工林木材，从乔木扩大到灌木，从木本植物扩展到竹材、农业秸秆、芦苇等生物质资源，从木材扩大到以木质材料为基质的复合材料；对木材的认识从宏观构造、微观结构深入细胞壁、DNA、分子和纳米尺度；加工方式从机械加工发展到化学加工、物理加工和生物加工；加工手段从手工、机械发展到自动化、网络化、智能化；建筑应用领域从低层轻型结构扩大到高层重型结构。随着多学科交叉、融合、外延，出现了木材仿生、木质纳米材料、先进制造技术和生物质化学资源化等新兴学科方向。学科发展的定位是揭示木材和木质资源的组成、结构与性能，通过理论和技术方法的创新，服务于高层次科学研究和工程技术人才培养，为高性能木质产品及其相关产业群的发展提供科学技术和人才支撑，保障木材安全和民生需求，促进木质资源的高效利用，实现林业增产增收增效，推动发展循环经济。

二、国内外发展现状的分析评估

（一）国内外现状

在基础性研究领域，近年来国内外学者采用木材化学成分快速定量分析技术和基于树木化学分类学原理的木材种类识别技术来进行木材识别；揭示了水分在木材内部的流动路径与迁移规律，从分子水平上解释氢键对木材机械吸湿蠕变的作用机制，而国内目前还处于模型建立阶段；国内外学者开始采用纳米压痕技术从细胞水平测量纤维的力学强度，但对木材细胞壁构造、化学组成与力学性能的内在关系以及细胞壁力学模型构建方面系统研究尚少。随着国家对科研工作重视与支持程度的不断增加，我国木材科学在研究手段与方法上都达到了世界先进水平，我国的基础研究已在国际上具有一定地位，正产生积极的影响力。

在前沿技术研究领域，在木质纳米材料方面，美国和加拿大以生物炼制及化学转化生产高附加值生物质材料为主线，在基础研究、应用研究和开发研究方面取得长足发展。国际上总的发展趋势是，政府加大科技创新支持力度，在保持目前技术优势基础上，希望在先进木质材料制造技术方面建立领先优势。我国国内林业高校和科研机构目前整体还处于实验室阶段，研究水平尚处于跟跑阶段，但差距并不大，有望通过努力迅速追上。

在产业技术研究领域，发达国家木材加工已全面实现了机械化，实现了高精度、高效率和自动化，正朝智能化方向发展；木材产业节能减排技术走在世界前列，木材产品使用中的甲醛释放量、有机挥发物和重金属含量受到严格控制；生产过程干燥节能和有机挥发物、废水废气和粉尘等污染物综合治理技术取得长足进展并得到广泛应用。而我国企业的自主创新能力较弱或力量分布尚不均衡。

（二）研究前沿、热点

当前学科的研究前沿及热点包括：木材仿生智能科学，依据木材结构特点，通过构筑具有仿生结构的智能型木竹材或复合材料，实现木竹材的自增值性、自修复性及自诊断性等智能化；系统开展木质纳米纤维素和木质素制备、表征和应用研究，构建系统的纳米纤维素表征和应用体系；生物质资源转化利用，重点开展以木质纤维为原料炼制转化为高分子材料或产品的重要途径；重点开展木材防护与改性技术研究，构建多功能木质材料制造技术平台；重点开展现代木结构装配式与传统民居产业化技术研究，开发高效环保价廉的防腐阻燃处理技术，创制工厂化预制梁柱和墙体等新型装配式结构件；重点开展半结构用木质重组材料研究，重点突破木质重组材料单元疏解关键工艺技术、结构用木质重组材料制备技术、竹材原态重组制造关键技术及木质重组材料应用评价体系等关键技术，构建木质重组材制造平台；采用木材、竹材、农作物剩余物等生物质材料，以它们特有的表面结构及性质研究为切入点，与合成高聚物、金属、无机质等非生物质材料进行复合，制造新型生物质—非生物复合材料，实现生物质材料的高性能化、多功能化和环境友好特性，从而获得高附加值产品；重点开展木制品柔性制造技术研究，构建木制品加工过程中信息化与柔性化制造的控制平台。

三、国际未来发展方向的预测与展望

（一）未来发展方向

当前，科学技术从宏观到微观各个尺度向纵深演进、学科多点突破、交叉融合趋势日益明显，颠覆性技术不断涌现，催生了多种新经济、新产业、新业态、新模式。在这个大背景下，正处于可以大有作为的重要战略机遇期，也面临着差距进一步拉大的风险。我国已成为木材产品消费大国和加工大国，对全球木材资源消耗、利用水平和生态环境都具有重要影响。我国科技发展由以跟踪为主转向跟踪和并跑、领跑并存的新阶段，在全球成为具有重要影响力的科技大国。但目前我国木材加工行业经济增长的科技含量仍不尽如人意，科技创新国际化水平尚需要大幅提升。如何创造具有特色的核心科学技术、保持学科发展竞争优势，要求我们必须尽快确定新的发展目标和思路。未来几年里，我国木材科学与技术学科在国家战略实施过程中必须发挥推动产业迈向中高端、拓展发展新空间、提高发展质量和效益的核心引领作用。同时人才是科技发展的原动力，是"双一流"建设成功的保障。因此，在保证技术发展的同时，还需要科学研究、工程技术、科技管理、科技创业和技能型各类人才的协调发展，形成各类创新型科技人才衔接有序、梯次配备、合理分布的格局。除学科内部的人才培养外，还需面向全球，积极发现和引入具有国际视角的优秀科技人才，提升和改进木材科学与技术学科的人才培养模式，拓宽人才储备范围，尤其要促进师资力量的国际先进性。此外，大力弘扬新时期工匠精神，加大面向生产一线的实用工程人才、卓越工程师和专业技能人才培养。系统提升人才培养、学科建设、科技研发、社会服务协同创新能力，增强原始创新能力和服务经济社会发展能力，扩大国际影响力。

（二）重点技术

重点技术是学科长期发展过程中积淀而形成的核心。一个学科只有具有了重点技术，才能体现其存在的意义和价值。木材科学与技术学科归属于林业行业，以天然的、可持续利用的林木为主要研究对象，是民生基础性学科和应用型研究学科，关系到国家的发展和人民的生活质量，与其他材料产业有显著不同，作用不可替代，特色体现非常显著。只有坚持发展这种核心技术，不偏离或脱离产业背景和行业需求，才能找准学科持续发展的路径。

四、国内发展的分析与规划路线图

（一）需求

当前，国家以及行业对于学科的未来发展方向的需求及问题导向主要包括：一是，将研究对象由木材扩展到生物质原料，顺应资源变化和经济发展需求；二是，将研究尺度从宏观向微观发展，科学深度和创新性得以加强；三是，以多学科交融推动学科横纵向发展，逐渐形成学科群；四是，全面落实绿色发展理念，强化木材高效利用、节能与环保技术研究，促进产业可持续发展；五是，将先进制造技术研发结合全产业链集成示范，提高生产自动化和智能化。

（二）中短期（2018—2035年）

1. 目标

学科发展的中短期目标主要有以下几个方面：揭示木材和木质资源的组成、结构与性能；通过理论和技术方法的创新，服务于高层次科学研究和工程技术人才培养；为高性能木质产品及其相关产业群的发展提供科学技术和人才支撑；保障木材安全和民生需求；促进木质资源的高效利用，实现林业增产增收增效，推动发展循环经济；强化学科的特色，找准学科持续发展的路径；扩充学科的内涵和外延，培育新的学科增长点；进行学科交叉融合建设，面向新形势发展学科综合集群；坚持以人为本，将人才作为学科发展的第一要素；坚持硬件平台建设，夯实学科发展的基础；认清学科研究的关键要素，解决产业关键问题；瞄准国家重大需求，与行业和地方发展紧密结合；面向国际化趋势，加强人员和项目的国际化交流。

2. 主要任务

（1）木材解剖学

完善发展木材解剖学，准确识别分类我国重要木材树种，建立和完善我国重要商品材的宏观、微观和超微观结构特征数据库系统。同时在细胞壁多壁层结构及微力学性能方面争取新的突破，在木材DNA条形码识别新技术研究及其应用方面取得新进展，解决传统木材解剖方法无法在"种"水平上识别木材的问题。

（2）木材物理学

深入研究木材基础物理特性及其与加工利用性质的关系，包括木材密度和微密度、木材的表面性质、木材物理特性与水分的关系、木材的热学性质、木材特性与干燥过程的传热传质、木材的声学性质、木材的力学性质和动态黏弹性、基于近现代物理手段的木材无损检测等核心基础理论和技术。进一步深入在木材与水分关系、木材传热传质和干燥机理、木材声振动特性和乐器材品质、木材动态热机械力学、木材弹性力学和黏弹性力学方面的研究。

（3）木材加工与木制品工艺学

完善木材合理下锯、计算机模拟原木最优定心、木材干燥工艺及设备、木制品设计与制造优化理论、木制品表面装饰技术、家具 CAD 和 CAM 技术等技术的研究。木材工业走固碳减排和节能低耗的加工之路是国际社会相关领域的科技发展趋势，主要围绕产品生产过程和使用环境的节能减排、环保健康新要求带来的技术难题，重点开展节能技术、废水、废气和粉尘污染防控等技术的研究。

（4）胶黏剂和人造板

主要从事木质、非木质人造板研究，低毒、无毒环保胶黏剂制造及木材胶接技术的研究，重点研究表面胶接的复合理论、环境友好型胶黏剂（异氰酸酯、低甲醛释放脲醛树脂、三聚氰胺改性脲醛树脂胶黏剂、聚醋酸乙烯酯胶黏剂、水性高分子 – 异氰酸酯胶黏剂）、特种胶黏剂（导电胶黏剂、高湿黏接用胶黏剂、中低温快速固化胶黏剂等）以及大豆蛋白基胶黏剂及其在木质人造板中应用配套技术的研究。此外，新型人造板产品、模压制品和木质工程材料一并进行深入的研究。

（5）木质复合材料

开拓新资源，采用低质、廉价和资源丰富的木材加工剩余物、农作物秸秆等木质化的植物纤维材料作为基本原料，通过复合材料技术生产高性能的木质复合材料，逐步使其成为木材工业的重要产品。在异质复合材料方面深入研究，争取取得丰富的研究成果和社会效益，其中木塑复合材、木材 – 金属复合材料和木材 – 橡胶复合材料等方面的研究需要更深一步的探究。

（6）木材仿生智能科学

依据木材结构特点，通过构筑具有仿生结构的智能型木竹材或复合材料，实现木竹材的自增值性、自修复性及自诊断性等智能化。当前正研究突破木竹材的天然多尺度微结构与宏观功能的协同机制、木竹材仿生智能纳米界面的形成方法与原理等关键科学问题。

（7）木质纳米材料

系统开展木质纳米纤维素和木质素制备、表征和应用研究，并针对制约纳米纤维素材料发展的生产成本高、物理化学性质解析不清和应用受限等瓶颈问题，重点开展预处理 – 机械研磨法和预处理 – 化学法可控制备接枝型纳米纤维素、纳米纤维素高吸附技术及超疏水技术研究，构建系统的纳米纤维素表征和应用体系。未来木质纳米纤维素预处理技术与传统方法的结合是纳米材料绿色制备技术的突破口。

（8）生物质资源转化利用

重点开展以木质纤维为原料炼制转化为高分子材料或产品的重要途径。我国在纤维、分子等层面开展木质纤维的高效定向解聚、树脂化、塑化复合及功能化等方面进行了大量研究，在酚醛、脲醛、三聚氰胺树脂和生物质液化、纤维改性、木质素基胶黏剂、生物质基泡沫等新型高分子材料的研发取得了一批具有自主知识产权的专利技术，但尚未建立完善的技术体系。

（9）木质材料功能性改良

重点开展木材防护与改性技术研究。针对人工林木材材质软、易开裂、尺寸不稳定、不耐腐等突出问题，开展人工林木材防腐、提质改性、高效干燥等多功能木质材料制造与加工关键技术研究与示范，突破高效环保防腐剂制备及处理技术、高渗透性无醛改性剂制备技术及木材增强–染色一体化处理技术，构建多功能木质材料制造技术平台。目前，木竹材表面无机纳米修饰技术尚是一个较新的发展领域，国际上对其深入研究尚未形成系统。木竹材表面纳米修饰和仿生的研究扩展了木材功能性的范畴，也赋予木材疏水、自洁、耐光、耐腐、抑菌、耐磨、阻燃、光降解有机物等特性。我国在此领域已取得丰富成果，处于世界领先地位，这是我国木竹材科学发展迈出的极其重要的一步。

（10）木结构

重点开展现代木结构装配式与传统民居产业化技术研究。针对传统民居建造过程耗材大，房屋不节能也不耐久的突出问题，研究当地木材资源的现代结构应用性能评价，开发高效环保价廉的防腐阻燃处理技术，创制工厂化预制梁柱和墙体等新型装配式结构件。

（11）木质重组材料

重点开展半结构用木质重组材料研究。针对木质资源高效高值化利用总体目标和建筑、家居等领域对新材料的需求，重点突破木质重组材料单元疏解关键工艺技术、结构用木质重组材料制备技术、竹材原态重组制造关键技术及木质重组材料应用评价体系等关键技术，构建木质重组材制造平台。

（12）生物质复合材料

采用木材、竹材、农作物剩余物等生物质材料，以它们特有的表面结构及性质研究为切入点，与合成高聚物、金属、无机质等非生物质材料进行复合，制造新型生物质–非生物复合材料，实现生物质材料的高性能化、多功能化和环境友好特性，从而获得高附加值产品。重点研究生物质–合成高聚物复合材料、生物质–橡胶复合材料、木材–金属复合材料、生物质–无机质复合材料的基础理论和关键技术，建立配套的理论和技术体系。

（13）木制品先进制造技术

重点开展木制品柔性制造技术研究。针对木制品生产过程中多规格、多样式的定制市场需求，研究高速网络信息采集、复杂主从式分级控制、数控柔性加工等生产线关键技术，构建木制品加工过程中信息化与柔性化制造的控制平台。

（14）质量与标准化

质量与标准化研究是进行木材及其产品质量检测方法和技术、标准制（修）订基础研究、标准制（修）订、质量与标准化发展战略、林产品质量与标准化管理政策、标准体系建设、木竹产业风险评估和产业政策研究，旨在提高我国木材产品业质量与标准化管理水平。当前研究工作重点为：开展木质装饰装修材料健康安全性能检测方法研究和室外用木质材料标准体系研究。针对人造板和木基复合材料产生的甲醛、重金属和有机挥发物等有毒有害物质，研究限量指标、监测方法和关键控制技术，制定木质装饰装修材料有毒有害物质控制、安全性能以及新产品新方法的国家标准，研究构建我国室外用木质材料准体系和结构材认证体系，重点开展木质林产品认证体系及有效性保障技术研究、新型功能性木质材料及其制品质量检测评价技术研究、木质林产品国际标准跟踪与国际标准制定研究、集成家居和智能家居环境下木质林产品标准体系构建及其重要标准制定研究。

3. 实现路径

（1）面临的关键问题与难点

学科发展指导思想亟须调整。当前，科学技术从宏观到微观各个尺度向纵深演进、学科多点突破、交叉融合趋势日益明显，颠覆性技术不断涌现，木材学科正处于可以大有作为的重要战略机遇期，也面临着差距进一步拉大的风险。我国已成为木材产品消费大国和加工大国，对全球木材资源消耗、利用水平和生态环境都具有重要影响。目前我国木材加工行业经济增长的科技含量仍不尽如人意，科技创新国际化水平尚需要大幅提升。如何创造具有特色的核心科学技术、保持学科发展竞争优势，要求我们必须尽快确定新的发展目标和思路，发挥推动产业迈向中高端、拓展发展新空间、提高发展质量和效益的核心引领作用。

学科基础研究与技术开发的关联性亟须加强。国家正在加强科技体制改革措施实施力度，最大限度激发科技第一生产力、创新第一动力的巨大潜能。竞争性的新技术、新产品、新业态开发交由市场和企业来决定。坚持以市场为导向、企业为主体、政策为引导，推进政、产、学、研、用、创紧密结合是国家科技管理的主要方式。在此趋势下，木材科学与技术学科的发展方式必须作出相应的调整，应该建设高水平智库体系，发挥好高层次人才群体、高等学校和科研院所高水平专家在战略规划、咨询评议和宏观决策中的作用。面向国家重大需求，加强协同创新中心建设顶层设计，促进多学科交叉融合，主动推动科技成果与资本的有效对接，实现高等学校、科研院所和企业协同创新。

学科领域亟须发展。伴随世界科技爆发式的进步，木材成为建筑、纺织、能源、化工、医药等众多行业的加工原料与生物基模型。木材科学与技术的应用方向也应该突破行业界限，瞄准生物技术、绿色建筑与装配建筑研究科技前沿，抢抓与各领域融合发展的战略机遇。研发新型纳米功能材料、纳米环境材料、纳米安全与检测技术、高性能生物质纤维及复合材料、3D打印材料等，是提升我国先进结构材料的保障能力和国际竞争力的需求。同时，通过引入新一代信息技术、网络技术、绿色和先进制造技术，开发原创理论和技术，对林业及农林生物质的高效利用、品质提升、产业增效等新技术新理论研究，提升主要林产品国际竞争力都具有重要意义。

创新型人才的培养与引进亟须加强。人才是科技发展的原动力，是学科建设成功的保障。科学研究、工程技术、科技管理、科技创业和技能型各类人才需要协调发展，形成各类创新型科技人才衔接有序、梯次配备、合理分布的格局。除学科内部的人才培养外，还需面向全球，积极发现和引入具有国际视角的优秀科技人才，提升和改进木材科学与技术学科的人才培养模式，拓宽人才储备范围，尤其要促进师资力量的国际先进性。此外，大力弘扬新时代工匠精神，加大面向生产一线的实用工程人才、卓越工程师和专业技能人才培养。系统提升人才培养、学科建设、科技研发、社会服务协同创新能力，增强原始创新能力和服务经济社会发展能力，扩大国际影响力。

（2）解决的策略

1）强化学科的特色，找准学科持续发展的路径。学科特色是在长期的发展过程中积淀而形成的被社会公认的、独特的、优秀的标志。一个学科只有形成了鲜明的特色，才能体现其存在的意义和价值。木材科学与技术学科归属于林业行业，以天然的、可持续利用的林木为主要研究对象，是民生基础性学科和应用型研究学科，关系到国家的发展和人民的生活质量，与其他材料产业有显著不同，作用不可替代，特色体现非常显著。只有坚持这种学科特色，不偏离或脱离产业背景和行业需求，才能找准学科持续发展的路径。

2）扩充学科的内涵和外延，培育新的学科增长点。从国际上看，学科的内涵建设和开放建设不仅是世界一流大学的办学理念，更是优秀大学的品性。作为具有有机体性质的系统，学科要持续、健康发展，必须求得外在适应与内在适应的有机统一，内外兼修。每一个学科只有开放自己，跨越自己的学科界限进入目前尚未标界的领域，才能求得新的增长点。统筹全国大学与科研院所有关资源，有目标有成效地进行研究探索，推动基础学科的发展，发展优势领域、培育交叉新兴领域、扶持弱势领域，追赶国际先进水平，逐步形成特色和优势的学科和学科群，争创世界一流学科。

3）进行学科交叉融合建设，面向新形势发展学科综合集群。当今科技发展不仅需要同一门类的学科之间打破壁垒和障碍，进行交流与合作，而且需要不同门类的学科进行跨学科的交叉、渗透与融合，呈现综合化、集成化的趋势。在林业工程的众多二级学科中，虽然学科方向划分不同，但其研究对象和研究目标往往是协调统一的，形成学科综合集群有助于多角度、系统化的方式来实现目标，并形成学科间的共生共荣关系。此外，作为木材加工行业一个潜在发展方向的生物质产业当前正蓬勃发展，生物质产业可以看成是含林产工业在内的一个多学科交叉和融合的前沿性学科领域，是国家中长期的发展方向和重要支持领域，符合循环经济、低碳经济的战略发展要求。学科需要在未来进行持续、高效的基础平台建设和科技人才培养，高效利用我国丰富的林业生物质资源，提高我国在该领域的国际竞争力，振兴传统产业，促进经济可持续发展。

4）以人为本，将人才作为学科发展的第一要素。硬件平台是学科发展的基础，而人才却是学科发展的根本和第一要素。因此，"以人为本"理应成为学科发展的价值选择和战略选择。在现有学科群队伍基础上，结合重点学科方向和任务的需要，加大科研人才培养和引进力度，形成专业互补的科研梯队，为学科发展提供可靠的人才保障。形成一种创新研究和人才培养相互促进评价和选拔人才的长效机制，团队建设和人才培养再上更高台阶，造就一批在国内外享有较高声誉的科学家和学术骨干，建立多学科融合的创新团队，发现和培养一批战略科学家、科技管理专家。

5）坚持硬件平台建设，夯实学科发展的基础。硬件平台是学科发展的基础，好的硬件平台为学科发展提供保障。因此本学科的硬件平台建设也应该适当遵循国际前沿科学发展趋势、国家重点工程规划、区域发展规划以及个体单位的特色化建设，产生多层次的规划布局和交叉配合态势。通过各种渠道争取财政部财政修购专项等经费支持，及时购置、更新关键重大科研仪器设备。在现有国家级和省部级重点实验室的基础上，建成一批以国家级和省部级重点实验室和工程中心为主体的科研平台，具备承载创新研究和重要科研计划的能力，建设若干个在科技成果转化上取得良好社会与经济效益的产、学、研一体化基地。

6）认清学科研究的关键要素，解决产业关键问题。科学研究是学科建设的生命力和学科发展的关键要素，在此应该一方面瞄准国际学术前沿进行探索，吸收国外一流学科的先进经验，另一方面瞄准传统林业工程升级的关键问题进行攻关方面探索先进科学技术，解决行业发展的关键性问题。承担和实施国家重点研发计划等任务，并树立标志性成果，以技术进步提升林业产业建设的规模和效益，促进林业科技成果转化，并以此来带动学科的发展。联合全国相关科研机构、大学和企业，加强协同创新中心建设顶层设计，主动推动科技成果与资本的有效对接，真正形成一种协同创新、优势互补的氛围和机制。

7）瞄准国家重大需求，与行业和地方发展紧密结合。学科要与产业和社会发展相融通，通过务实规划与国家倡导的发展理念相统一，充分依托学校及科研院所优势资源，建立学科与企业的有效合作机制，加快研究成果的转让和推广进程，促进产学研一站式发展。努力提高规划实施科学化水平，瞄准全局性、战略性、基础性和长期性木材科学与技术重大问题，提升原始创新能力，带动优势传统领域以及相关前沿技术领域快速发展，纵深部署基础和前沿研究，为木材加工行业发展提供理论支撑和基础。针对我国木材工业当前面临的资源、性能、效率、环保等产业关键共性技术需求，以市场需求为导向，任务带学科、学科促任务，集成和共享技术创新资源，突破产业共性技术和关键技术瓶颈，完善并建立现代产业技术创新体系，为木材加工行业发展提供技术支撑。

8）面向国际化趋势，加速人员和项目的国际化交流。认识和汲取一切国际先进经验，是任何事业快速发展的必需。促进广泛开展多层次的国内外学术交流合作，支持踏实肯干的青年骨干瞄准国际学科发展前沿，围绕国家发展目标，多出国交流学习和参与国际合作项目，努力争取多边和双边国际科技合作项目和国际科技交流项目，创造并增加本学科参与并组织国内外重要学术活动的机会，增加国际学术界的话语权。

（三）中长期（2036—2050年）

研究对象由木材扩展到生物质原料，顺应资源变化和经济发展需求。木材是低碳、环保、可再生材料，且具有美丽的天然花纹和色彩，有吸音、隔热、室内温湿度调节等诸多优点，所以市场需求必将刚性增加。然而，木材资源却日益紧缺，木材供需矛盾日益加剧。保护天然林工程进一步加剧了木材供需矛盾。随着进口木材数量和品种的增多，关于进口新品种木材的材性、干燥特性、产品加工工艺等研究力度相应加大。除加大木材进口外，必须提高木材尤其是人工林小径木的利用率和附加值，加强对木基多功能复合材料的开发利用，这为学科进行相关研究提供了机遇和挑战。此外，随着我国乃至全球木材资源的转变和经济发展的需要，木材科学研究对象发生了重大转变，由传统的天然林木材已向速生人工林木材、竹材、农作物秸秆等生物质材料转变，这是生物质资源所具有的优势及生态环境建设的需要。

研究尺度从宏观向微观发展，科学深度和创新性得以加强。未来的木材科学研究离不开先进手段，并应当外延和加强，更需结合木质材料的特点，通过巧妙试验设计，创造性地从微观甚至纳米尺度解决问题，揭示新机制。目前，对木材的认识从粗视构造、微观结构深入细胞壁、DNA、纳米和分子尺度，将有助于开展深度研究，实现材料高性能利用。

多学科交融推动学科横纵向发展，逐渐形成学科群。木材学与化学、物理学、力学、生物学、仪器科学、材料学等众多学科的交叉融合发展，通过整合资源，组织多学科开展联合攻关，更能解决与国家目标密切相关的重大问题和推动木材学学科体系的完善。因此，形成以木材科学与技术为核心的生物质科学与工程学科群是学科发展的必然趋势。

全面落实绿色发展理念，强化木材高效利用、节能与环保技术研究，促进产业可持续发展。绿色发展理念是新时代发展的重要理论指导，节能环保工业生产技术的开发和应用是产业的永恒追求，我国木材科学与技术学科也应遵循创新发展和绿色发展理念，重点开发木质材料表面绿色装饰、环保胶黏剂、木材绿色防护与改性等绿色生产关键技术，强化研究木材工业节材降耗、安全生产、污染检控等生产管控关键技术，以及木质家居材料健康安全性能检测与评价等产品质量监督技术，以满足越来越严格的安全环保健康要求。

先进制造技术研发结合全产业链集成示范，提高生产自动化和智能化。针对我国木制品性能、附加值及其产业化水平不高等问题，结合国家发展战略需求和产业重大技术需求，需系统研究木（竹）结构建筑、木（竹）质重组材料和木（竹）基复合材料功能化等产业重大技术，并开展全产业链增值增效技术集成与示范，推进成果产业化应用；重点开展木制品柔性制造与信息控制、木（竹）材防护与改性、半结构用木质重组材料、木基复合材料轻量化及功能化和室外用木质材料准体系构建等技术研究。未来木材产业高效加工生产技术发展的趋势是应用互联网、大数据等现代信息收集处理技术快速准确抓住消费者需求，应用先进制造技术和物联网等技术，由集中式控制向分散式增强型控制的转变，建立高度灵活的个性化和数字化产品与服务的加工服务模式，向智能、高效和规模化定制方向发展。

（四）路线图

围绕国家以及行业对于学科的未来发展方向的需求，顺应资源变化，将研究对象由木材扩展到生物质原料，将研究尺度从宏观向微观发展，以多学科交融推动学科横纵向发展，全面落实绿色发展理念，强化木材高效利用、节能与环保技术研究，将先进制造技术研发结合全产业链集成示范，提高生产自动化和智能化，通过理论和技术方法的创新，服务于高层次科学研究和工程技术人才培养，为高性能木质产品及其相关产业群的发展提供科学技术和人才支撑，保障木材安全和民生需求，促进木质资源的高效利用，促进产业可持续发展（如图12-1）。

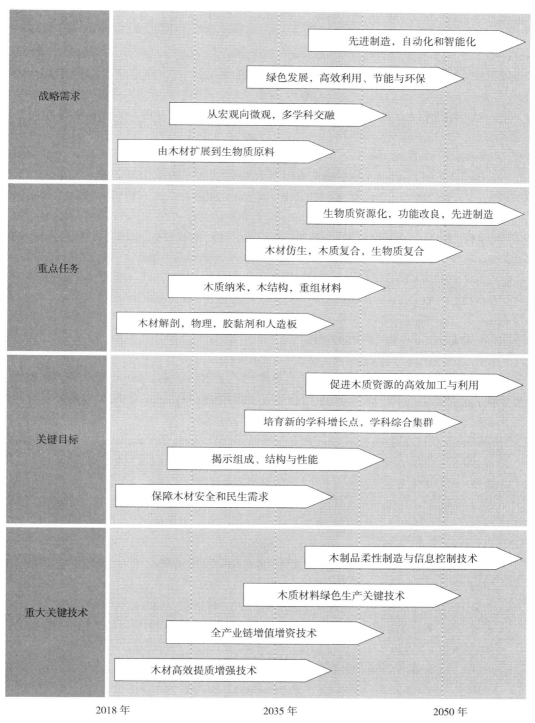

图 12-1　木材科学与技术学科技术路线

参考文献

［1］李坚，孙庆丰. 大自然给予的启发——木材仿生科学刍议［J］. 中国工程科学，2014，16（4）：4-12.

［2］Knezevic A，Stajic M，Jovanovic VM，et al. Induction of wheat straw delignification by Trametes species［J］. Scientific Reports，2016，6（1），26529.

［3］鲍甫成，吕建雄. 中国木材资源结构变化与木材科学研究对策［J］. 世界林业研究，1999，12（6）：42-47.

［4］叶克林，陶伟根. 新世纪我国木材科学与技术展望［J］. 木材工业，2001，15（1）：5-9.

［5］Gasson P，Cartwright C，Leme CLD. Anatomical changes to the wood of（Euphorbiaceae）when charred at different temperatures［J］. IAWA Journal，2017，38（1），117-123.

［6］Zhao GL，Yu ZL. Recent research and development advances of wood science and technology in China：impacts of funding support from National Natural Science Foundation of China［J］. Wood Science and Technology，2016，50（1）：193-215.

［7］李坚. 创生新型木质基复合材料实现低质材的高值利用［J］. 科技导报，2013，31（15）：3.

［8］郭明辉，刘祎. 木材固碳量与含碳率研究进展［J］. 世界林业研究，2014，27（5）：50-54.

［9］Feio AO，Lourenco PB，Machado JS. Testing and modeling of a traditional timber mortise and tenon joint［J］. Materials & Structures，2014，47（1-2），213-225.

［10］Desmarais G，Gilani MS，Vontobel P，et al. Transport of polar and nonpolar liquids in softwood imaged by neutron radiography［J］. Transport in Porous Media，2016，113（2），383-404.

［11］李坚. 木材的生态学属性——木材是绿色环境人体健康的贡献者［J］. 东北林业大学学报，2010，38（5）：1-8.

［12］李坚. 木材对环境保护的响应特性和低碳加工分析［J］. 东北林业大学学报，2010，38（6）：111-114.

［13］李国梁，李雷鸿，李坚. 木质基光敏变色功能材料的变色性能研究［J］. 功能材料，2012，23（43）：3325-3328.

［14］李坚. 木质纤维素气凝胶及纳米纤丝化纤维素［J］. 科技导报，2014，32（4/5）：3.

［15］李勋，陈文帅，于海鹏，等. 纤维素纳米纤维增强聚合物复合材料研究进展［J］. 林业科学，2013，49（8）：126-131.

［16］Shi JB，Avramidis S，Water sorption hysteresis in wood：I review and experimental patterns-geometric characteristics of scanning curves［J］. Holzforschung，2017，71（4），307-316.

［17］郭明辉，关鑫，李坚. 中国木质林产品的碳储存与碳排放［J］. 中国人口资源与环境，2010，20（5）：19-21.

［18］李坚，许民，包文慧. 影响未来的颠覆性技术：多元材料混合智造的 3D 打印［J］. 东北林业大学学报，2015，43（6）：1-9.

［19］Song J，Chen C，Zhu S，et al. Processing bulk natural wood into a high-performance structural material［J］. Nature，2018，554（7691），224.

撰 稿 人

李　坚　吕建雄　郭明辉　傅　峰　段新芳　于海鹏　韩雁明

第十三章　林产化学加工工程

一、引言

林业生物质资源是保障国家绿色发展的战略资源，肩负着提供生态产品和绿色林产品的重任，其高效转化利用是现代林业低碳、清洁、循环发展的主要方向。林产化工是以可再生的木质和非木质森林资源为原料，通过化学或生物技术加工、生产各种国民经济发展和人民生活所必需产品的基础性战略型产业。林化产品涉及能源、材料、资源、环境等诸多方面，具有资源的可再生性、不可替代性及环境友好性，大量的林化产品如松香、松节油、单宁酸、活性炭、纤维素、天然活性物质、天然色素、木本油脂等都是重要的工业原料，其深加工利用能提供多种高附加值精细化学产品，可以在造纸、印刷、日用化工、食品、医药、农业、电子、航天、建筑等几乎所有的行业中发挥重要作用，在国民经济和社会可持续发展中具有重要的战略地位。

林产化工的研究领域已逐渐拓展到利用林业生物质资源开发生物质能源、生物质材料和生物质化学品等产品，是生物质产业的重要组成部分，高效绿色、定向转化、环境友好化、功能化转化已成为学科的主要发展趋势。大力发展林产化工产业，有利于产业强林、推进林业产业快速发展，有利于改善生态环境，带动森林资源的培育，极大地促进林业生态工程建设。围绕林业生物质资源高效多元化利用主线，根据"转化技术高效化、生产工艺绿色化、终端产品高值化、多元产品联产化"的发展思路按照产业链布局科技创新链。充分利用林业资源同时加强废弃生物质资源的利用技术开发，提高资源利用效率；研发核心技术与关键技术，突出技术和方法创新，实现关键工艺和设备的技术升级，保证生产过程绿色、清洁；实现产品多元联产和终端产品高值化；实现标准化设计和专业化制造，集成和成套化关键设备装备。通过科技创新，抢占多学科技术创新竞争的制高点，科技支撑产业高质量发展，对落实乡村振兴战略、创新绿色经济模式、建设生态文明具有重要意义。

二、国内外发展现状的分析评估

（一）国内外现状

森林资源是地球上最丰富的可再生生物质资源，以木质纤维、松脂、多酚、多糖等林业生物质为原料的生物炼制及化学转化是生产高附加值生物质能源、材料、化学品的重要途径。生物质资源的高效绿色、定向转化、环境友好化、功能化转化是目前国际生物质利用学科的主要发展趋势，林业资源活性物质是生物医药和功能食品研究领域的热点之一，林业天然树脂、天然香料、天然色素、天然染料、植物农药、天然提取物及饲料添加剂倍受人们青睐，利用松香及其深加工产品合成、改性高分子材料的研究日渐活跃。

美国要求到 2020 年生物质燃料代替 10% 的化石燃料，生物质化学品替代达 25%，欧洲已耗资 150 亿欧元致力于从生物质资源中提取运输用燃料，在 2020 年生物燃料占交通燃料的 10%。大宗化学品生物转化研究近年来得到国际科学界的重视，生物基材料与化学品成为各国发展重点，德国在"高科技战略"框架内推出的《2030 国家生物经济研究战略》；日本 2016 年"森林与林业基本计划"提出将提高木制品性能和优化生物质利用。欧盟在最新的研究与创新框架计划——"地平线 2020"（Horizon 2020）中将生物基产业联合计划（BBI JU）列为 5 项联合技术计划之一，预算 38 亿欧元，2018 年更是将 2012 年发布的生物经济发展战略进行了升级，为推动欧洲经济发展向循环和低碳经济转型，进一步扩大生物基产品市场，支持高质量生物基产品的大范围商业化。英国、俄罗斯、韩国、巴西、印度、南非等国家制订的各类发展规划中也涉及了生物基产品制造领域。我国在 2015 年发布的《中国制造 2025》中强调全面推行绿色制造，明确在新材料产业中做好生物基材料等战略前沿材料提前布局和研制。

欧美在生物质气化发电和集中供气已部分实现了商业化应用，形成了规模化产业经营。美国有生物质发电站 350 多座，分布在纸浆、纸产品加工厂和其他林产品加工厂，发电总量已达到美国可再生能源发电装机的 40% 以上、一次能源消耗量的 4%。萘琪沃克（Nature Works）公司、巴斯夫和拜尔等跨国大公司开发的 Ingeo 生物基塑料以及 Lupranol Balance 50、Baydur 730S 等系列生物质基聚氨酯产品已商业化应用。国外对植物饲料添加剂的研究和开发利用非常重视，如美国 Alltech 公司从丝兰中提取丝兰提取物，具有显著减少畜禽舍中氨的浓度、调节肠道微环境、促进营养物质吸收以及提高生产性能等多种功能。目前，我国在林业生物质能源、材料与化学品、林源活性物质利用研究方面取得了显著的成效，形成了如生物质多途径气化联产碳材料、生物质热固性树脂、生物质增塑剂等一大批具有自主知识产权的技术，银杏、喜树、印楝、杜仲、牡丹、油茶、香榧、红豆杉、石斛等植物开发利用已初具规模。

（二）研究前沿、热点

以纤维素、木质素为原料，利用原位活性聚合、自组装等技术开发新型生物质基高分子功能材料已成为国内外研究的热点，具有可降解、自清洁、自修复、耐高温、防腐、阻燃、高效吸附、控制释放、储能等功能特性的生物基材料已成为国际新材料领域的重点发展方向。通过加强科技创新，解决以林业生物质资源为原料的生物质资源热化学转化过程中定向重组技术和催化炼制、液化降解产物的精炼深加工、林业资源活性物质分离与转化技术、活性评价与筛选、分子设计与合成、定向修饰与复合改性等关键技术，开发先进生物质基绿色化、功能化材料与化学品，是抢占国际生物质领域基础前沿研究制高点、发展我国生物经济和林业新兴产业的战略性前瞻研究。

三、国际未来发展方向的预测与展望

（一）未来发展方向

林业生物质资源化学利用以全质化绿色利用、高附加值产品研发为主要方向，国外已开发出润滑剂、表面活性剂、功能化植物多糖、绿色纺织纤维、膜材料、汽车燃油挥发控制等高端产品，广泛应用于食品、药物、塑料以及车辆制造等行业。我国林业生物质加工工业也已向着绿色化、智能化、高值化方面发展。突破木本油脂增值加工、功能活性成分高值化利用等非木质资源高效利用关键技术，开发出木质专用活性炭增值产品，实现了低等级混合材高得率制浆清洁生产关键技术的产业化，活性物提取效率达到65%；产品精深加工程度超过50%，不再以单一原料进入市场。

新时期，生物质资源利用的科技内涵正在发生重大转变，与计算化学、结构化学、分子生物学、生物信息学、合成生物学等学科的交叉融合不断深化，其研究领域和技术手段亟待拓展与升级；而生物质的原料种类、组成及结构的高度复杂性也极大地增加了其化学加工利用技术研发的艰巨性和挑战性，也急需通过重要的基础理论研究以指导和支撑共性关键技术问题的突破。

（二）重点技术

基础研究及重要理论成果突破是提升原始创新能力的基石和关键。提升资源利用经济效益和社会效益是当前林产化工行业发展的首要任务，而面向绿色化、功能化和高端化产品创制的理论研究和方法创新是解决此问题的根本性前提和基础。当前本领域急需解决的主要科学问题包括：林业资源热转化产品提质理论，林源医药与活性物成分的构效关系与生物学功能机制，林木次生代谢物全生物合成理论，生物质资源定向重组与催化炼制理论，木质纤维素高效生物转化的新方法及理论基础等。

林业资源原料组成结构的复杂性和产品的多元性决定了其加工利用技术必然是集化工、生物工程、材料工程、制药工程等多门类相关技术的组装与集成，也赋予了其工程化技术研究工作的难度，导致共性关键技术的突破成为制约我国林产化工产业高质量发展的瓶颈。当前本领域亟待破解的主要问题包括：林木天然提取物精深化加工技术，生物质热转化气、固、液多联产集成技术，木质纤维素生物炼制、木质纤维素功能材料制造关键技术等。

四、国内发展的分析与规划路线图

（一）需求

森林作为地球上最重要的自然资本与战略资源，正在从一个部门产业向奠定人类可持续发展基础的定位转变，对其进行系统、合理、深度开发利用一直是世界各国尤其是发达国家林业研究的热点，是建设发达的林业产业体系的重要组成部分。

1. 助推国家绿色发展、乡村振兴等国家战略实施的重要切入点

世界林业政策日益关注将林业作为改善民生的重要手段，林业生物质资源加工产业可带动荒山及困难立地条件地区的林业生产和生态建设，根据林业资源的可持续供给条件以及固碳、结构性原料特性，增加绿色林产品供给，发展绿色制造技术，实现林业产业制造大国向绿色制造强国转变，是推动林业产业经济发展质量变革、效率变革，是促进民生林业发展，助推乡村振兴战略实施的关键抓手，也是改善生态环境，创新绿色经济发展模式的必然需要。

2. 增加绿色产品供给、保障林业产业高质量发展的必然需要

我国是全球林产品生产、贸易第一大国，2018 年我国林业产业总值达 7.33 万亿元，林产品进出口贸易额超 1600 亿美元，林产加工业产值占比近 50%，直接从业人员总量达到 6000 多万人。林产化工是林业十大支柱产业之一，2018 年全国松脂产量约 60 万吨，木炭、竹炭、活性炭等各类木竹热解产品产量 130 多万吨，天然精油产量约 5 万吨，林源饲料添加剂、植物农药、天然香料等市场需求旺盛，迫切需要科技支撑产业高质量发展。

3. 培育新兴产业、提升林业自主创新能力的迫切要求

林化产品作为我国出口贸易的优势特色产品，将在更大程度和更广泛领域参与国际竞争，通过物理、化学、生物等手段可制取生物质能源、生物基新材料与化学品以及天然活性产品等绿色产品，也是"新能源、新医药、新材料"等培育经济发展新动力的战略性新兴产业重要内容。但与发达国家相比，我国林产加工业发展结构仍不尽合理，集中表现为直接加工占比巨大，终端产品不够丰富且附加值较低，在国际产业链分工中处于中低端位置，积极促进重大科技成果产出、高端科研人才培养、高水平

国际学术交流、重要科技成果转化，将为我国林业的创新发展提供强劲的科技和人才支撑。

（二）中短期（2018－2035年）

1. 目标

在充分利用林业资源同时加强废弃生物质资源的利用技术开发，提高资源利用效率；研发核心技术与关键技术，突出技术和方法创新，实现关键工艺和设备的技术升级，保证生产过程绿色清洁；实现产品多元联产和终端产品高值化；实现标准化设计和专业化制造，集成和成套化关键设备装备。

建设林产化工国家重点实验室、产业创新战略联盟等创新研发平台，取得一大批具有国际重大影响的科学成就，通过将信息技术、生物技术、新材料技术和新能源技术等提升和拓展林化产品的高附加值深加工利用技术，攻克一大批产业重大关键技术，创制新型生物基功能材料与化学品、生物农药、林源保健品与医药、林源饲料添加剂等新产品，建立健全林化产品标准体系，实现林化产品标准与国际标准全面接轨。兼顾生态利益、社会利益和经济利益，形成30种示范模式，产业产值超过1万亿元，科技贡献率超过65%，在全国范围内形成林业生物质利用发展示范的战略性、全局性、系统性、特色性的布局。

2. 主要任务

围绕提升产业国际竞争力的紧迫需求，系统谋划，统筹推进关键共性技术、前沿引领技术的研发攻关，支撑传统产业优化升级，引领新兴产业发展。重点在林业生物质能源、林业生物基材料、林业生物质化学品、林业生物质提取物等领域开展基础、关键技术和集成示范研究，为我国林业生物质化学利用产业的发展提供科技支撑。

（1）基础前沿研究

突出创新导向，重点开展学科基础前沿研究，争取国家自然科学基金和国家重点研发计划资助。中短期内重点开展以下方面的研究：

1）林业生物质能源。开展木质纤维素生物质细胞壁解构和组分高效分离等农林生物质原料低能耗预处理方法、多相催化生物柴油脱羧制备烃类燃料等关键技术研究，在生物柴油提质技术领域形成代表性成果。开展功能生物催化剂的构建及性能表征，筛选和发现新的高效、耐逆、适合工业要求的功能生物催化剂。开发定向催化的各类功能材料，转化单糖结构与多酚结构的液化产物，实现高效、低成本的液化油精炼反应。开展木质纤维素类生物质原料热化学定向转化新方法研究，探索生物质高温、催化反应高效制取富氢、富烃等气体产物，提高产品气的品位和价值；研究生物质原料热解新技术工艺，提高热解效率和燃气热值；研究生物质富氧/水蒸气气化制备中高热值燃气技术。

2）林业生物基材料。开展木质纤维成分定向转化与重组调控机制研究，重点解决模块化纤维素链段的结构设计及官能团响应，阐明纤维素解聚产物羟官能转化与分子重组机制，建立基于纤维素的功能化材料设计和合成理论体系；研究木质素定向解聚过程中分子结构、活性基团变化之间的关系，解析木质素可控定向解聚的机理，建立木质素定向转化调控机制及多组分超分子空间化学结构模型；研究可再生碳资源热化学转化高得率固相碳及微结构调控机理，生物质基石墨烯、高导电炭材料、储氢炭材料、锂电炭材料、高吸附性活性炭等功能化新型炭材料研制新技术。

3）林业生物质化学品。开展松香松节油类、木本油脂类生物质化学品精细化分离与利用技术；松香松节油深加工特色新产品及工艺技术，包括：松脂、油脂绿色化学加工技术；松香树脂酸结构与利用性能研究；脱氢枞酸基荧光衍生物结构与性能关系研究；松脂、油脂仿生选择性化学加工技术；松脂、油脂绿色催化剂催化加工技术；微波、超声波、仿生催化氧化、等离子体技术等高新技术在松香、松节油、天然精油与香料、木本油脂、生物质基功能助剂等深加工利用中的应用。

4）林业生物质提取物。以林业生物质资源为研究对象，开展森林植物非木质资源次生代谢活性物体内代谢和富集机制、提取分离、化学特征、生物转化、化学修饰、生物活性、功能评价及加工利用的基础研究；利用超声波、微波等现代高效辅助萃取技术，定向提取林产植物的不同部位和有效成分，筛选具有明显药理作用的生物活性物质；采用现代医药学、营养学和免疫学等方法，对林产植物有效成分的作用机理进行研究。

5）制浆造纸与环境科学。重点开展林纸一体化工程过程中亟须解决的关键基础理论和应用基础研究，林纸一体化清洁制浆与装备理论；低质材及混合材高效清洁制浆技术，化学品减量、低能耗磨浆；高效节能制浆装备研究，均质预浸渍装备研究，新型节能磨浆装备研究；高效废水处理和资源化利用技术；生物质预处理及生物质转化技术，林纸一体化过程木质纤维素生物质的高效利用和转化等。

（2）关键技术与产业示范研究

聚焦国家发展战略需求和产业重大技术需求，重点开展研究如下：

1）林业生物质能源。以制备生物质燃气等清洁燃料和生物质炭为目标，研究生物质富氧/水蒸气协同气化制备中高热值燃气技术；研究生物质制备燃气供热联产炭系统集成技术；研究可适用于不同尺寸生物质原料的热解和气化等热化学转化关键技术和装备。针对不同生物质物理和化学特征，开发将生物质转化为糖类中间产物的生物质低温解构和组分分离技术，重点研究林业生物质生物转化关键技术，开发制糠醛、乙酸、功能性低聚糖等化学品的生物转化制备液体燃料及高值平台化合物。加强生物质液化反应的定向调控以及液化油提质等生物质直接液化技术研究。推广应用木本油料制备生物柴油综合利用提质技术，创新集成生物质热解气化工程化关键技术与装备，建立年供蒸汽能力 10 万吨联产炭 1 万吨的工业化生物质燃气与生物质炭示范工程。

2）林业生物基材料。利用纤维素、木质素、生漆、腰果酚、松脂、油脂等林业生物质资源，开发木质纤维原料绿色改性及功能化技术，重点突破光驱动催化可控聚合、分子化改性及树脂化、点击反应等功能化关键技术，创制生物质胶黏剂、泡沫材料等应用的生物基热固性树脂新材料、生物基亲核试剂改性聚氯乙烯树脂及固化剂、PVC 热稳定剂、增塑剂等生物质基助剂。开发光固化材料、导电材料、弹性材料、凝胶材料、磁性材料、粘接材料、光学材料、电催化材料、储能碳材料、水和空气净化功能活性炭产品等生物基新型功能性材料。开展生物质木材胶黏剂、水性生物质功能化自清洁涂料、生物基多元醇、木质素发泡酚醛树脂、木质素酚醛泡沫、功能型环氧结构胶黏剂、高吸附性活性炭规模化生产示范。

3）林业生物质化学品。利用松脂、腰果酚、木本油脂、妥尔油、漆酚、萜烯等林业生物质资源，重点研究高效加成、光点击定点功能基团引入、酰胺化、氧化、环氧开环活性基团嵌入、复分解、酯交换、亲核取代等化学结构修饰技术及水性化改性等关键技术，创制润滑油及润滑添加剂、聚氨酯、乙（丙）烯基树脂、增塑剂、抗氧剂、反应型阻燃剂、热稳定剂、PVC 交联改性剂、表面活性剂、乳化剂、食品添加剂、防锈剂、活性稀释剂、偶联剂、聚酰胺固化剂、印染助剂、涂料助剂、水性环氧固化剂、水性环氧填缝剂等生物质基化学品。年产 2000 吨松香基农用高分子表面活性剂和果蔬被膜剂示范生产线生物基功能助剂制备及应用关键技术与示范。

4）林业生物质提取物。银杏、松树、五倍子、漆树、油橄榄、栗树、核桃等特色林源活性物化学、生物转化和活性评价及功能产品开发，通过水提、醇提、醚提，以及超临界 CO_2 萃取等定向提取技术，采用现代医药学、营养学和免疫学等方法，开发林源提取物及功能食品、保鲜剂、医药中间体、化妆品和天然饲料添加剂、林源生物农药等高效提取利用技术及产品。对林产植物不同部位和有效成分的作用机理进行深入研究，解决抗生素的药物残留等问题。植物活性成分有效利用方面，建立年产 100 吨畜禽与水产养殖用生物饲料添加剂中试生产线 1—2 条及应用示范畜禽与水产养殖基地 2—3 个；研发和集成有效成套技术及设备 1—2 套，建立生产示范线 1 条。

5）制浆造纸与环境科学。开展林纸一体化清洁制浆中试系统平台建设，在林纸一体化方向开展速生材材性制浆造纸适应性早期预测技术及示范，为纸浆材、低质材、混合材高效清洁制浆技术示范（含化学品减量技术、低能耗磨浆技术、全国产成套装备清洁制浆技术集成与示范）；均质预浸渍及节能磨浆装备技术与示范（以双螺旋挤压浸渍机为核心的清洁制浆装备的研制及开发）；高效废水处理和资源化利用技术集成与示范，包括废水深度处理技术、林浆纸企业废气治理技术、污泥资源化利用等。

3. 实现路径

与发达国家相比，我国林业生物质利用领域处于"总体并跑、局部跟跑"阶段，原始创新能力弱、产品附加值不高和产业链短等问题不断显现，尤其在国际前沿性重大基础理论研究方面的差距较大，行业共性关键技术缺乏的短板明显，成为制约我国生物质资源加工产业高质量发展的关键性瓶颈。

从产业兴旺、绿色发展、源头创新的目标出发，瞄准国际科技前沿，结合现有研究基础，立足松脂化学、活性炭、单宁、木材制浆等传统研究方向，积极拓展生物质能源、生物基材料、生物质化学品、生物质提取物等新兴学科领域。围绕林业生物质资源高效多元化利用主线，根据"转化技术高效化、生产工艺绿色化、终端产品高值化、多元产品联产化"的发展思路按照产业链布局科技创新链。

（三）中长期（2036—2050年）

1. 战略目标

针对我国林业资源特色，培育一批具有国际竞争力的龙头企业，夯实林业资源高效综合利用的重大基础，突破林业生物质能源转化、材料与化学品增值利用、特色资源高值化利用等关键技术，创制新型生物基功能材料与化学品、生物农药、林源保健品与医药、林源饲料添加剂等新产品，建立新型多元化综合利用发展模式和系统解决方案，产业产值超过2万亿元，科技贡献率超过70%，支撑林业资源综合利用率和高效利用率双提升。

2. 主要任务

突出创新导向，夯实学科发展基础。基于木质纤维原料化学结构模型，解析提取物、纤维素等在气化、液化反过程中的物质变化规律与反应动力学，生物气脱水、脱氧、加氢目标导向的新型催化剂创制理论与方法，完善生物质热化学转化的过程控制理论与方法；围绕林业生物基材料与化学品高值化过程中的基础科学问题，揭示生物质生物学合成过程、热裂解调控、生物降解与生物炼制科学问题，研究合成生物基材料与化学品的微生物改造、高效催化合成基础、分子设计理论以及超微结构解译、功能化转化机理等。开展森林植物非木质资源次生代谢活性物体内代谢和富集机制、化学特征、生物转化、化学修饰、生物活性、功能评价及加工利用的基础研究等。

加强新技术、新方法创新，支撑产业高质量发展。围绕林业生物质综合高效高值利用目标，开展林业生物质液化定向调控、高品质液化油与热化学转化关键技术与装备，木质纤维原料绿色改性及功能化、化学结构修饰及水性化改性，特色林源活性物化学、生物转化和活性评价及功能产品开发等林业生物质高效高值利用技术，创制高品质燃料油、新型功能生物基材料、林业生物基化学品、高值活性物制品等系列产品，为产业高质量发展提供科技支撑。

3. 保障措施

（1）加强科技创新组织领导，统筹领域技术与产业发展

加强林产化工技术领域的组织领导，推进科技创新与产业技术政策措施制定等工作。发挥专家咨询作用，汇聚科技界、产业界、经济界专家智慧，做好领域科技发展战略、重大任务、重大创新及产业化发展方向等的决策支撑。

（2）强化人才引进和培养模式，加快培育人才队伍

以实验室、技术创新中心等创新平台建设为契机，突出人才、项目和基地的有机结合，培养造就一批科技领军人才和创新创业人才。加强对青年科学家支持，重点培养具有较强创新活力的青年创新型人才队伍。

（3）完善科技创新投入机制，提高科技资源配置效率

加强规划任务与科技资源配置的有效衔接，建立多元化科技投入体系。结合林业产业技术创新特点，创新科技资金投入方式，充分发挥财政资金的杠杆作用，调动地方财政投入积极性，引导社会资本进入生物领域。加大资金投入力度，重点支持产业亟须的重大技术研究、产业关键和共性技术研究，以及鼓励技术创新成果的产业化。

（4）加快科技成果转移转化，培育产业发展新动力

发挥科技创新在支撑发展方式转变、经济结构调整中的重要作用，积极贯彻落实《国务院办公厅关于印发促进科技成果转移转化行动方案的通知》，加快领域重大成果的转移转化，提升各类机构的科技成果转化能力，培育专业化科技转化人才队伍，推动产业向价值链中高端跃升。完善技术转移机制建设，健全市场化的技术交易服务体系，加强科技成果权益管理改革，激发科研人员创新创业活力，推动科技型创新创业，通过科技创新与成果快速转化培育生物产业发展新动力。

（5）扩大国际与地区合作，提升科技创新的国际化水平

积极参与并适时发起和组织国际大科学计划和大科学工程，促进国际技术转移，以及向"一带一路"国家的技术转移转化，深化与沿线国家的交流合作。推进国际互认实验室的建设，推进与大型跨国公司建立战略伙伴关系，积极引导和支持有条件的科研机构和企业到国外建立研究开发机构，加强对引进技术的消化、吸收和再创新。

（四）路线图

围绕乡村振兴、精准扶贫、绿色发展、生态文明等国家战略，针对林业产业高质量发展的迫切需求，系统谋划，统筹推进关键共性技术、前沿引领技术的研发攻关，支撑传统产业优化升级，引领新兴产业发展（如图13-1）。重点在林业生物质能源、林业生物基材料、林业生物质化学品、林业生物质提取物等领域开展基础、关键技术

| 主题 | 2018年 | 2035年 | 2050年 |

需求与发展目标

乡村振兴、绿色发展、生态文明国家战略，林业产业高质量发展

| 产业规模超5000亿元，科技贡献率达60% | 产业规模1万亿元，科技贡献率超65% | 产业规模2万亿元，科技贡献率超70% |

关键技术研发

| 林业生物质预处理、高品质液体燃料制备、中高热值生物燃气技术、木质纤维原料绿色改性及功能化技术、水性化改性、高效提取等关键技术 | 生物质原料定向液化、可控聚合、高效加成、环氧开环活性基团嵌入、酯交换等化学结构修饰、活性物质定向提向等关键技术。 | 完善林业生物质热化学转化关键技术与装备，生物基材料与化学品绿色制造及功能化、特色林源活性物转化和功能产品开发等林业生物质高效高值利用技术体系 |

产品创制与示范工程

| 生物质制备燃气供热联产炭系统集成技术、低质材混合材高效清洁制浆技术示范，生物质胶黏剂、木质素发泡酚醛树脂、生物基表面活性剂、天然精油等产品创制与规模化示范 | 高品质燃料油、中高值燃气示范工程，光固化材料、弹性材料、凝胶材料、增塑剂等生物基功能材料与化学品与生产示范，医药中间体、化妆品和天然饲料添加剂、林源生物农药等高效提取利用技术及产品生产示范 | 高品质液化料油、新型功能生物基材料、高值林业生物基化学品、高值活性物制品等系列产品 |

条件支撑

加强顶层设计与规划制订，进行领域科技发展战略研究，完善科技创新投入机制，持续进行科技项目立项支持；建设林产化工国家重点实验室等科技创新平台，培育龙头企业，推进成果转化，推动产业科技水平提升；加快人才队伍培育，扩大国际与地区合作，提升科技创新的国际化水平

图 13-1　林产化学加工工程学科发展技术路线

和集成示范研究，攻克一大批产业重大关键技术，创制新型生物基功能材料与化学品、生物农药、林源保健品与医药、林源饲料添加剂等新产品，建立健全林化产品标准体系，实现林化产品标准与国际标准全面接轨。

通过加强顶层设计与规划制订，进行领域科技发展战略研究，完善科技创新投入机制，持续进行科技项目立项支持；建设林产化工国家重点实验室等科技创新平台，培育龙头企业，推进成果转化，推动产业科技水平提升；加快人才队伍培育，扩大国际与地区合作，提升科技创新的国际化水平。加强林业生物质能源转化、材料与化学品增值利用、特色资源高值化利用等关键技术突破，创制新型生物基功能材料与化学品、生物农药、林源保健品与医药、林源饲料添加剂等新产品，建立新型多元化综合利用发展模式和系统解决方案，力争 2035 年产业产值超过 1 万亿元，2050 年产业产值超过 2 万亿元，科技贡献率超过 70%，支撑林业资源综合利用率和高效利用率双提升。

参考文献

[1] 宋湛谦. 大力发展林业生物质产业 [J]. 中国林业产业，2012，6.

[2] 刘军利，蒋剑春. 创新驱动林产工业绿色发展 [J]. 生物质化学工程，2018，52（4）：36-44.

[3] 国家林业局. 中国林业年鉴 [M]. 北京：中国林业出版社，2016.

[4] 国家统计局. 中国统计年鉴 [M]. 北京：中国统计出版社，2017.

[5] 国家统计局农村社会经济司. 中国农村统计年鉴 [M]. 北京：中国统计出版社，2016.

[6] 国家林业局，国家发展改革委，科技部，等. 林业产业发展十三五规划 [Z]. 2017.

[7] 联合国联农组织. 联合国联农组织林产品统计数据库 [DB /OL]. [2018-04-02]. http://www.fao.org/faostat/en/#data/FO.

[8] 粮农组织. 2018 年世界森林状况——通向可持续发展的森林之路. 罗马：2018 年. 许可：CC BY-NC-SA 3.0 IGO.

[9] 国家林业和草原局规划财务司. 2018 年全国林业和草原发展统计公报. [2019-06-14]. http://www.forestry.gov.cn/Common/index/62.html.

[10] 贾敬敦，马隆龙. 生物质能源产业科技创新发展战略 [M]. 北京：化学工业出版社，2014.

[11] Birgit Kamm 等著，马延和，主译. 生物炼制——工业过程与产品 [M]. 北京：化学工业出版社，2007.

[12] Alan HZ, Mariefel VO, Daniel MS, et al. A review and perspective of recent bio-oil hydrotreating research. Green Chem. 2014, 16：491-515.

[13] Moving Beyond Drop-In Replacements: Performance-Advantaged Biobased Chemicals, U.S.DOE, 2018.

[14] 欧洲委员会科研与创新总司. 欧盟科研创新框架计划（地平线 2020）中国实用指南（2014—2020）. 2014.

［15］杨礼通，陈大明，于建荣. 生物基材料产业专利态势分析［J］. 生物产业技术，2016，2：73-79.

［16］董建华. 写在《高分子通报》30 周年［J］. 高分子通报，2019，1：1-8.

［17］屠海令，张世荣，李腾飞. 我国新材料产业发展战略研究［J］. 中国工程科学，2016，4：90-100.

撰 稿 人

周永红　黄立新　勇　强　王　飞　房桂干　刘军利　刘玉鹏

第十四章　湿地恢复

一、引言

湿地是地球上水陆相互作用形成的独特生态系统，是生物多样性最为丰富的生态系统之一，也是生态系统服务价值最高的生态系统之一。但是随着社会经济的飞速发展，全球湿地面临着极大的退化风险。据湿地公约技术报告统计，自 1990 年以来，全球失去了超过 64% 的湿地。中国湿地资源面积减少的威胁也呈增长态势，第二次全国湿地资源调查显示，与第一次调查同口径比较，10 年以来我国湿地面积减少了339.63 万公顷，减少率为 8.82%。保护和修复湿地资源成为我国生态环境保护和生态文明建设中的重要内容。因此建立一个科学系统的湿地恢复学科，形成完整的理论体系和应用技术体系，能够为国家开展湿地保护修复重大工程，制订湿地恢复、保护和管理计划、规划和政策提供有力的科技支撑。

湿地类型多样、结构复杂性且生物多样性高，结合了陆地和水生生态系统的属性。湿地的特点决定了湿地恢复学交叉科学的属性，其研究领域既涉及传统学科，也涉及边缘学科；既有自然学科，也有人文学科；还有属于工程建设和生产应用的学科。此外，通过运用新技术与新方法，这些学科间还将产生新层次的交叉，产生新的分支学科，最终形成一个多学科多层次的科学体系。

湿地恢复学的主要任务是研究湿地退化的特征、形成机制和发展规律，探索人类活动对湿地的干扰及湿地稳态维持机制，提出湿地恢复的关键技术，制定湿地保护和合理利用的管理措施。未来湿地恢复学将注重与工业技术和人文社会科学的交叉融合，并注重基于复杂生物链恢复的生境修复技术、基于湿地生态稳定机制的近自然恢复技术、高效的人工净化湿地构建技术等新技术新方法的应用。着重发展湿地生境恢复技术、湿地生物恢复技术、湿地生态系统结构与功能恢复技术、污染处理湿地构建技术等。

二、国内外发展现状的分析评估

（一）国内外现状

1. 湿地恢复相关理论研究进展

总的来说，欧洲和北美在当前恢复生态学理论和实践方面走在前列，新西兰、澳大利亚、中国和俄罗斯紧随其后，而北美是开展湿地恢复工作较早较广泛的地区。与湿地恢复有关的研究从萌芽到现在，已经产生了许多理论和原理，融入多种学科知识（如生态学、水文学、植物学等），并逐步形成了以自我设计理论、生态演替理论、洪水脉冲理论、边缘效应理论和中度干扰假说等为主要理论和原理，这些理论和原理的产生为湿地恢复学学科形成奠定了基础。尽管与湿地恢复相关的理论很多，如生态演替理论、自我设计理论、中度干扰假说和洪水脉冲理论，共同构成了湿地恢复的理论基础。其中，生态演替理论为湿地恢复学提供了认识论基础，说明湿地生态系统是变化的，并有一定的规律性，正是由于人为原因和自然原因的干扰，打乱了湿地生态系统的正常演替规律，才产生了湿地生态系统退化问题。湿地演替既有进展演替，又有逆行演替，则为湿地生态系统恢复实施提供了可能，湿地恢复本质上是尽量避免逆行演替，促进湿地生态系统的自然进展演替。洪水脉冲理论为湿地自然恢复提供了理论基础，在湿地恢复时，应考虑洪水的影响并可利用洪水的作用，恢复退化湿地。

2. 湿地恢复技术发展趋势

世界各国对湿地进行恢复经历了由开发利用向污染治理，最终转向生态治理的历程。人类对湿地进行有目的的恢复始于 20 世纪 50 年代，随后 30 年间各国对此也逐渐重视起来。20 世纪 80 年代后期，以单个物种恢复为标志的大型湿地恢复技术出现，该技术多应用于河流湿地恢复；20 世纪 90 年代初，提出了流域尺度的整体湿地恢复技术体系，并随着该技术的实施，其恢复效果逐渐得到人们的认可，该技术体系融合了湿地生物恢复技术和湿地地形改造技术等多种单要素湿地恢复技术；到 20 世纪末湿地生物操纵技术已成为改善湖泊湿地水环境质量的常规技术，并得国内外初步认可。经过近 50 年的探索和研究，国际上初步形成了一些湿地恢复技术雏形。例如，可以解决湿地缺水问题的直接补水、减少湿地排水等湿地补水技术；治理湿地污染的清淤技术、水文调控技术、富营养化湖泊生态恢复技术等污染湿地修复技术；遏制湿地退化的引种植被恢复技术、入侵种和有害种的控制技术、岸带植被恢复技术等退化湿地恢复技术。我国的湿地恢复技术也开展了一些很有意义的探索性工作，如湖泊湿地的富营养化控制技术、截污及污水处理技术、可持续综合利用技术等。但由于湿地恢复方面的工作起步比较晚，技术相对零散、缺乏针对性，还没有形成可行、成熟的保护和恢复技术体系。

依据湿地生态系统特征可以将当前的湿地恢复技术分为湿地基底、水文过程、水环境以及湿地生物及其生境恢复等主要类型。从这些湿地恢复技术特点、当前现状以及发展趋势来看，可以概括为湿地结构恢复、功能恢复和过程恢复三个主要技术类型，这三种技术类型是湿地恢复技术向整体化、系统化转变的趋势，具体恢复技术根据彼此之间的内外联系最终可归结到湿地结构的恢复，即湿地结构恢复是湿地过程和湿地功能恢复的基础，湿地过程和湿地功能恢复是湿地结构恢复的结果，三者之间存在反馈和被反馈关系。其中湿地结构与功能恢复指湿地生境恢复和湿地生物链恢复，而过程恢复指恢复湿地结构和功能动态变化的特征。湿地生境恢复侧重湿地地形改造、基质恢复、驳岸恢复等结构和湿地水资源供给、水文过程调控、水体自净功能恢复以及生物栖息地恢复等；湿地生物链恢复侧重湿地生物链状和网络关系重组和修复。湿地恢复的目标、策略不同，拟采用的关键技术也不同。

（二）研究前沿、热点

湿地恢复学科是研究湿地生态功能与过程效应、湿地生物保护与利用的科学，属于地理科学、环境科学、水文科学、生态科学和资源科学等多学科交叉形成的边缘学科，是湿地科学的重要学科方向。湿地恢复学科通过研究湿地生态系统结构与功能、湿地生物的保护、管理与利用等来揭示湿地的生态功能与过程效应，探讨人类与湿地的和谐发展模式，从国家的战略角度保护和科学利用湿地。

湿地恢复学科涵盖湿地研究的各个层面，其研究前沿和热点也呈现多元化、全方面。主要研究热点包括湿地恢复概念内涵、湿地分类，湿地生态系统的生态过程与生态因子，湿地生态系统结构和功能及其演化机制，湿地生物多样性等基础理论研究。前沿研究包括湿地恢复与重建技术和保护策略；人工湿地构建理论与技术；湿地区域的规划设计等技术应用研究；湿地温室气体与全球气候变化及对湿地生态水文的影响；湿地生态系统健康与湿地定量评价；湿地保护、管理与合理利用平衡研究；湿地教育、法规与政策以及湿地资源、环境可持续发展等应用基础研究。

三、国际未来发展方向的预测与展望

（一）未来发展方向

从学科角度来说，传统的生态学、环境学、水文学和地理学等学科均未能覆盖湿地恢复学科研究的所有内容。随着对湿地恢复研究的深入和新技术的发展，湿地恢复作为一门新兴学科已经发展成熟，其研究领域也逐渐扩大，已形成相对独立的专业知识体系和明确的研究方向。湿地恢复作为湿地科学学科中的细分方向在国内外也已经受到广泛认可，国内部分从事湿地科学研究的高校及科研院所先后自主设立了湿地学或与湿地恢复相关的学科和课程方向。从学科发展的角度来说，湿地领域本身就是多学科发展的前沿和热点，对湿地恢复方向进行深入研究可以有力地推进生态学、水文学、水利学、地理学和环境学等学科的发展和各学科之间的交叉融合。湿地恢复作为湿地科学学科中的细分方向有利于解决当前湿地科学相关学科分离、湿地科学研究分散的局面，有利于培养国家亟须的从事湿地科学研究的专门人才，有利于满足国家对自然保护和生态安全方面的需求。因此，湿地恢复科学作为一门重要的学科发展方向必然得到国家层面的认可和重视，具有广阔的发展前景，并已经初步显现出来。未来主要发展方向如下：①污染物净化机理、微观微生物学机制及退化湿地恢复生态学机制等基础理论研究；②人工净化湿地功能提升及其生态稳定技术研究；③新技术与新方法在湿地恢复研究中的应用；④湿地生态系统恢复稳态机制及其维持机理研究；⑤湿地恢复效果量化评价指标体系和评价技术研究；⑥全球变化和高强度人为干扰下湿地恢复技术研究；⑦热点区域退化湿地恢复技术和科学管理研究。

（二）重点技术

1. 基于复杂生物链恢复的生境修复技术

主要利用浮游生物、底栖生物、水生植物及水鸟等生物间的物质循环和能量流动关系，构建具有多种生物链的湿地生境，使得湿地生物自陆地向开阔水域合理布局，形成具有高度稳定性和自我维持能力的生境。该技术具有自然生态性，成本低、易管理，恢复效果好，同时避免引入外来生物入侵种类。主要应用于自然性好的河道、湖泊等湿地修复。

2. 基于湿地生态稳定机制的近自然恢复技术

主要通过水系梳理，合理分配水量，满足湿地生态需水，同时通过微地形改造技术构筑多种地形生境，为提升湿地生物多样性创造条件；补充与完善各营养级功能团，构筑健康湿地生态系统，激发与启动湿地自然演替能力，打造长效自维持与全球变化自适应的湿地模式。

3. 高效的人工净化湿地构建技术

主要利用表流湿地、潜流湿地中填充的不同介质吸附、过滤和降解污染物，通过种植的挺水植物、沉水植物和浮水植物拦截和吸收等净化功能，实现对不同污染物的净化。

4. 湿地恢复效果定量评价技术研究

湿地恢复工程是否成功往往需要进行后评价，如何准确评价一项已经实施的工程需要科学的评价技术手段、易于量化的评价指标体系和合理的湿地恢复效果评价参照标准。评价指标体系构建需要从社会、经济和自然等多方面考虑，并且这些指标的量化工作将是湿地恢复学研究的重点；合理的湿地恢复评价标准是评价过程中实现指标体系量化的依据。

四、国内发展的分析与规划路线图

（一）需求

首先，国家湿地保护形势严峻，亟须加强湿地保护与恢复。第二次全国湿地资源调查结果显示目前我国湿地面临着污染、围垦、基建占用、过度捕捞和采集、外来物种入侵五大威胁因子，湿地资源面临的威胁呈增长态势。因此需要开展重点领域科学研究，尤其是湿地保护和恢复的关键技术，为大规模开展重大生态修复工程服务。

其次，国家生态保护方针政策逐步完善，凸显湿地恢复行业重要性。党的十九大报告提出建设生态文明是中华民族永续发展的千年大计，必须树立和践行绿水青山就是金山银山的理念，统筹山水林田湖草系统治理，实行最严格的生态环境保护制度，突出了生态恢复工作的突出地位。2016 年 11 月国务院办公厅印发了《湿地保护修复制度方案》，提出了"全面保护湿地"的新理念，对新形势下湿地保护修复做出明确部署安排，要求科学修复退化湿地，扩大湿地面积，增强湿地生态功能，确保湿地得到有效保护和修复。同年林业局等 3 部委联合印发《全国湿地保护工程"十二五"实施规划》，对湿地实施全面保护，科学修复退化湿地，扩大湿地面积，增强湿地生态功能。2017 年国家林业局等 8 部门印发了《贯彻落实〈湿地保护修复制度方案〉的实施意见》，进一步落实了湿地保护修复的工作要求。因此未来湿地修复将成为我国生态建设的重要内容，迎来行业发展的春天。

最后，湿地生态建设投入持续增加，引领湿地恢复工程不断发展。"十一五""十二五"和"十三五"期间，全国湿地保护工程预算总投入分别为 90 亿元、130 亿元和 240 亿元，"十三五"期间相比"十二五"增长 45.83%，呈现稳步提高态势。预计未来国家还将加大生态湿地投入力度，提高工程手段实现湿地面积保护和修复，为湿地恢复技术提供广大的应用前景。

（二）中短期（2018—2035 年）

1. 目标

（1）学科发展目标

夯实湿地恢复学科建设，完善退化—恢复湿地学理论和技术体系；基本形成以湿地科学专业委员会为指导，国家重点实验室、国家工程实验室、地方级别重点实验室、中国林业科学研究院以及国内从事湿地研究的高等院校和科研院所为主体的学术协同创新体系，致力于在重大湿地恢复领域的学术探索，在学科相关的国家发展战略和重大科技计划制订中有重要作用，使湿地恢复学研究的学术影响进入世界先进行列，对学科理论发展有较大贡献。

（2）技术进步目标

借助各级重点实验室，依托国家、省部级课题，通过现有技术优化集成，重点方向研发创新。在现有湿地修复和人工湿地构建技术、污水处理技术的基础上，结合河湖修复、黑臭水体治理、生态修复的先进技术，进行优化集成；对目前行业内的技术难点，如湿地低温运行、基质填料配置、植物配置、防堵塞、耐低温菌剂筛选等技术进行重点研发，进而形成行业核心技术，引领学科发展，为长远布局。

（3）产品研发目标

以技术带产品，走产业发展之路。将湿地保护修复和人工湿地构建中所涉及的护坡材料、生态袋、基质、填料、微生物制剂、植物等进行专业化运作，依托技术研发形成行业标准产品，形成完整的技术体系或工艺包，开拓湿地领域产业发展新路。

（4）人才培养目标

加强研究机构间、研究机构与企业间、研究机构与政府部门等在湿地恢复方向研究生和专业技术人才培养方面的合作，使研究生在社会责任、学科义务、学术修养、创新能力和服务意识等方面有显著提高，先进技术为专业技术人员普遍掌握。

（5）工程指导与应用

多领域融合，打造项目亮点。湿地保护和修复多是融合在生态修复项目、山水林田湖草系统治理、水生态文明建设、生物多样性保护、海绵城市（海绵乡村）建设、生态旅游等综合项目中，以保护、修复和景观性为主；人工湿地处理废水多融合在水源地保护、河湖水体修复、黑臭河道治理、农村污水处理、养殖废水和工业废水处理等项目中，以功能性和景观性为主。融合多领域综合整治，以湿地修复和污水处理为基点，打造环保亮点。

整体来说，湿地恢复学科发展还尚未完善，技术体系和理论基础尚未完全建立。

2. 主要任务

（1）重点领域

1）变化环境下的湿地水文循环机理和演变规律研究。在气候变化和人为干扰对湿地水文循环影响的研究方面，主要集中气候变化对湿地水文水资源的影响，对湿地生态需水量的影响以及对水文极端事件的影响等。重点关注用全球或区域尺度下湿地分布式水文模型、地下水模型分析气候变化下的河川径流响应问题、地下水和地表水相互作用、潜在水资源量的季节动态预测等问题。在下垫面变化对湿地水文循环和洪水影响研究方面，重点关注人为干扰（如水利工程等建设）的水文效应，围绕高强度人为干扰下水文循环机理和演变规律研究。

2）湿地生态系统关键生态过程及作用机制。湿地生态系统包含植物、水、土壤等多种元素，因此相较森林、草地、海洋等生态系统更为特殊、复杂和综合。目前湿地生态系统的关键生态过程研究还尚未形成体系，特别是针对物质循环过程、水文过程、沉积过程等还缺乏系统研究。湿地存在多重界面，因此元素特别是变价元素的迁移转化特征急需系统认知；此外，基于"多要素、多过程、多尺度"的湿地生态水文相互作用机理及耦合机制也有待研究。只有充分了解湿地中的关键生态过程，才能更好地提升湿地生态系统的功能。

3）湿地生态系统恢复稳态维持机制。人类活动干扰对湿地生态系统的影响逐渐加剧，研究湿地生态系统对人为干扰的抵抗力和恢复力以及稳定性维持机制至关重要。生态系统在干扰条件下的响应通常是一个逐渐变化的缓慢过程，但有时也会产生快速的响应，产生这种现象的原因往往是由于系统存在多稳态现象。多稳态指的是在相同条件下，系统可以存在结构和功能截然不同的稳定状态。不同的稳态对应于不同的生态系统结构和功能，并且可产生不同的生态系统服务价值。多稳态现象广泛存在于多种包含湿地在内的生态系统中。通过对湿地生态系统退化过程进行动态监测，研究其稳态维持机制，为实现模拟预测湿地生态系统对人为干扰的响应并尝试人工调节奠定基础。

（2）关键技术

1）基于复杂生物链恢复的生境修复技术。主要利用浮游生物、底栖生物、水生植物及水鸟等生物间的物质循环和能量流动关系，构建具有多种生物链的湿地生境，使湿地生物自陆地向开阔水域合理布局，形成具有高度稳定性和自我维持能力的生境。该技术具有自然生态性，成本低、易管理，恢复效果好；同时避免引入外来生物入侵种类。主要应用于自然性好的河道、湖泊等湿地修复。

2）基于湿地生态稳定机制的近自然恢复技术。主要通过水系梳理，合理分配水量，满足湿地生态需水，同时通过微地形改造技术构筑多种地形生境，为提高湿地生物多样性创造条件；补充与完善各营养级功能团，构筑健康湿地生态系统，激发与启动湿地自然演替能力，打造长效自维持与全球变化自适应的湿地模式。

3）基于生态与环境友好的湿地长效保护技术。当前湿地保护技术体系尚未完全建立，缺乏长效的保护技术体系。因此如何恢复湿地生境，增加湿地面积，通过相关水利工程增加湿地入水量，增加湖泊的深度和广度以扩大湖容。如何恢复湿地的结构和功能为鸟类提供天然的生境，如何将保护与利用有效结合，是目前湿地恢复科学重要的研究领域和技术发展方向。

4）防堵塞人工湿地设计与运行系统开发。人工湿地因其独特的优势得到了广泛应用，但在应用过程中也暴露出很多问题，例如：易受气候条件的影响，基质易饱和易堵塞、易受植物种类影响，占地面积较大，管理不合理，设计不规范，生态服务功能单一等，这些问题在一定程度上影响了人工湿地对污水的处理效果，缩短了人工湿地的使用寿命，阻碍了人工湿地的推广应用。

5）人工净化湿地治理黑臭水体技术。水体黑臭已成为我国城市水环境中普遍存在的问题之一。黑臭水体不仅严重影响城市形象，降低河流市区资源功能和使用价值，而且破坏周围的环境景观，甚至对居民健康也产生严重的影响。目前国内外广泛应用的复合生物修复技术主要有人工浮岛技术和人工净化湿地技术。其中人工净化湿地主要利用基质填料、微生物和水生动植物之间的协同作用，实现对黑臭水体中绝大部分有害物质，如重金属、有机物等，进行分解吸收，达到净化水体的目的。

3. 实现路径

（1）面临的关键问题与难点

目前湿地恢复工程大多只注重植物或动物及水文方面等要素恢复，并且没有实现综合性系统恢复，其结果常常是顾此失彼，未能从整体上对系统优化，达不到预期的恢复目标。特别是目前的湿地恢复学研究在一定范围内一直没能形成一套完整系统的理论体系，湿地恢复研究者和湿地恢复设计者只能在开展湿地恢复试验性的实践中摸索湿地恢复理论和湿地恢复技术。这些探索性的工作目的是通过改良和重建退化湿地生态系统，恢复其湿地生物学潜力，并且主要致力于那些在自然灾变和人类活动压力下受到破坏的湿地的恢复与重建。

20 世纪 90 年代以来，人们对湿地所具有的巨大的生态系统服务功能和价值有了进一步认识，湿地已被认为是一个国家的生态战略资源。湿地的破坏和退化已经严重威胁一些国家的生态安全建设。因此，加强湿地建设与保护、恢复和管理已经成为世界各国的自觉行动。由于几乎所有的湿地都已受到或多或少人类活动的干预，仅仅停止干扰被动保护已不可能，况且干扰也难以完全避免，因此用正确的策略和技术恢复、重建、管理湿地，促进其结构与功能的良性发展已成为湿地保护的必由之路。然而全球范围内的湿地恢复工程的实施尚未受到系统的理论指导，缺乏一定科学性。在这种背景下，湿地恢复学的提出有其时代的紧迫性和必然性，是顺应全球湿地恢复广泛开展和发展的要求所需。与此同时，湿地破坏与退化带来的湿地功能的丧失和灾害性生态问题已经触目惊心，客观上为湿地恢复学学科发展提供了机遇和动力。在可以预见的未来，湿地恢复学研究必将成为国际学术界与各国政府乃至公众关注的热点与焦点，湿地恢复学将成为 21 世纪的重点学科和研究领域。

（2）解决策略

针对湿地学科发展和实际应用中面临的各种关键问题和难点，需要尽快完善湿地恢复学的理论体系和技术方法研究。理论上要整合传统和现代生态学理念，并引入其他学科思想；技术上要逐渐形成区别于其他类型生态系统恢复工程所创立的理论体系和技术方法，寻求适合湿地恢复的理论体系与技术方法。整体上湿地恢复学科发展和关键技术突破要在以下几个领域取得进展。

从目前湿地恢复工程现状和对理论知识的迫切需求来看，湿地恢复学研究的主要框架包括以下几个方面：

1）湿地恢复目标研究。湿地恢复要确定一套现实的和动态的未来目标，而不是简单的对过去的湿地生态系统的复制；并且湿地恢复目标决定着湿地恢复技术和参照系统的选择。根据不同的社会、经济、文化与生活需要，人们往往会对不同程度的退化湿地制定不同水平的恢复目标。但是如何确定目标，主要目标和次要目标如何区别，都是湿地恢复首先要解决的研究内容。

2）湿地恢复理论研究。湿地恢复的基础理论研究包括湿地生态系统结构、功能以及湿地生态系统内在的生态学过程与相互作用机制；湿地生态系统的稳定性、抵抗力、恢复力与可持续性研究；湿地生物群落的发生、发展机理与演替规律研究；不同干扰条件下湿地生态系统的受损过程及其响应机制研究；湿地生态系统退化的景观诊断及其评价指标体系研究；湿地生态系统退化过程的动态监测、模拟、预警及预测研究；湿地生态系统健康研究。

3）湿地恢复技术研究。目前的湿地恢复技术研究还不够系统，由于不同退化湿地生态系统存在着地域差异性，加上外部干扰类型和强度的不同，结果导致湿地生态系统所表现出的退化类型、阶段、过程及其响应机制也各不相同。因此，在不同类型湿地退化生态系统的恢复过程中，其恢复目标、侧重点及其选用的配套关键技术往往会有所不同。因此需要开展湿地水文和水环境的恢复、湿地地形改造和基质恢复、岸坡恢复以及湿地生物链恢复等诸多方面技术的研究。在具体应用过程中，还要考虑多种技术和方法的联合使用产生的恢复效果研究。

4）湿地恢复效果评价研究。湿地恢复工程是否成功往往需要进行后评价，如何准确评价一项已经实施的工程需要有科学的评价技术手段、易于量化的评价指标体系和合理的湿地恢复效果评价参照标准。其中湿地评价技术不仅要考虑地理信息系统、遥感分析等手段，还要考虑借助数学模拟模型和室内外实验分析等微观手段；评价指标体系构建需要从社会、经济和自然等多方面考虑，这些指标的量化工作将是湿地恢复学研究的重点；而合理的湿地恢复评价标准是湿地恢复效果评价过程中实现指标体系量化的依据。

5）湿地恢复监测与管理研究。湿地恢复工程的目标制定、湿地恢复技术的选择、湿地恢复效果的评估需要湿地恢复前后的跟踪监测，但如何制定合理的湿地监测方案，其中的水土气生监测技术路线如何选择，宏观和微观监测如何有效地结合起来为湿地恢复提供基础支持都是湿地恢复学亟待研究的内容；同时湿地恢复完成后，如何控制和管理湿地恢复工程出现的一系列次生环境问题是湿地恢复学研究又一技术关键。

（3）时间节点

到 2025 年，初步建立我国湿地恢复学学科体系，完善相关学科教材、多媒体材料等基础资料，培养一批具有一定国际影响力的湿地中青年科学家和技术骨干，初步建立湿地恢复学理论体系和技术方法，主导颁布具有一定影响力的标准、规范和相关的法律法规，在湿地履约中发挥作用，积极参与国际湿地行动计划，扩大我国湿地恢复、保护和合理利用能力，提升国家湿地保护水平，使湿地面积稳步增加，湿地保护率逐渐提高。

到 2030 年，实现我国湿地恢复学研究处于国际先进水平，培养一批具有国际影响力的湿地科学家，基本建立起湿地恢复学理论体系和技术方法，主导颁布具有影响力的标准、规范和相关的法律法规，积极参与国际湿地行动计划，提高我国湿地履约能力，扩大中国湿地恢复、保护和利用的影响力，助力我国生态文明建设稳步向前，使得我国湿地恢复、保护与合理利用取得举世瞩目的成就。

到 2035 年，实现我国湿地恢复学研究处于国际领先水平，培养一批具有国际影响力的顶尖湿地科学家，建立起完整的湿地恢复学理论体系和技术方法，主导颁布具有影响力的标准、规范和相关的法律法规，在湿地履约中具有重要话语权，主导和参与国际湿地行动计划，增强我国湿地恢复、保护和合理利用能力，助力中国生态文明建设。

（三）中长期（2036－2050 年）

1. 学科目标

完善湿地恢复学科体系，建立系统的、科学的湿地恢复学科理论基础，形成一系列的具有国际影响力的技术体系，将湿地恢复理论体系及其技术体系与国家需求、工程应用有效结合起来，提出有效的、能够带来明显生态效益、社会效益和经济效益的湿地恢复产学研模式。

2. 主要任务

在学科发展上重点关注学科的基础理论和技术体系建设，强调湿地生态系统的生态过程与动态研究、湿地净化功能微观机理研究、湿地环境地球化学过程及其系统动力学特征、湿地温室气体排放和全球环境变化研究、人工净化湿地构建和退化湿地恢复与重建以及湿地生境恢复研究。

在重点领域和关键技术上关注退化湿地水文过程调控技术；水质改善与自净能力提升技术；高强度人为干扰下湿地碳汇稳定新技术；分段、分级、耦合集成的高效人工净化湿地构建技术；基于复杂生境的完整生物链修复技术；基于环境经济学方法的湿地价值货币化定量评价技术；湿地智能监测传感器、长期定位观测体系、大数据收集、快速传输和分析技术；湿地科学管理人工智能整合技术等领域。

3. 实现路径

（1）面临的关键问题与难点

我国湿地恢复学科研究仍主要依赖于其他学科理论和方法的支持，缺乏自成体系的基础理论和技术方法，虽然短期内解决了湿地恢复中一些理论和技术支持，但在实践应用过程中仍然存在不少问题。湿地恢复学是交叉科学，如果不经过系统的、合理的优化嫁接，往往使得建立起的一些理论和技术在实践应用中出现诸多问题。因此，湿地恢复学科的发展，其关键问题是学科理论的建立和实现，形成适合湿地领域的理论框架、概念内容和关键生态学基础理论以及在理论基础上研发出来的具有可操作性的关键技术，也是湿地恢复学科发展的难点和重点。解决这些问题和难点将有助于新湿地学科理论和技术体系的发展。

（2）解决策略

建立我国湿地恢复学科发展与新常态和重大科技变革趋势相适应的主动应变机制，密切关注各研发机构间的学术协作，构建学术发展共同体和行业智库，积极服务国家生态文明与行业发展需求，为湿地恢复、保护与合理利用和科学管理等重大政策和科技进步提供智力支持与创新依托，巩固和加强学科在促进服务领域高水平发展中的重要地位。

以国际重点学术发展方向与前沿科技研究领域为引导，充分利用现代生态学、湿地科学等理论和技术，借鉴相关学科研究的成功经验，汇聚相关技术与应用学科的先进理论与技术方法，将最新的湿地修复技术、水文水质调控技术、湿地生境恢复技术、湿地生物链修复技术以及湿地维护与管理长效技术和湿地定位观测，甚至大数据处理技术等引入湿地恢复学科研究中。

以制约现代湿地恢复创新发展的关键技术问题为重点，充分利用现代生物、生态、地理和水文学等学科，积极寻求在湿地恢复、污染处理湿地技术高效、生态、可控的突破性发展，切实提高我国湿地恢复、保护、利用和管理的效率和技术水平。在湿地修复技术、水文水质调控技术、湿地生境恢复技术、湿地生物链修复技术以及湿地维护与管理长效技术等体系构建上，实现相关技术的重大突破，进一步提高我国湿地科学研究的原始创新和集成创新能力。

提高湿地恢复学科研究人才的培养质量，加强专业人才的新科技培训，稳步提高湿地保护与恢复人才的科技素质，全面提高我国湿地恢复、保护和合理利用创新发展水平和国际竞争力，增强我国湿地履约能力。

（四）路线图

围绕国家湿地恢复、保护、利用和管理重大需求，加强国家、省部级和地方级湿地恢复学科创新团队、重点实验室、定位观测网站和研究示范基地建设，瞄准湿地恢复前沿重大科学问题和关键共性技术难题，在充分利用定位观测数据的基础上，通过分析国家战略发展需求和我国湿地面临的生态环境问题，明确湿地迫切需要解决的问题和难点，建立起完善的湿地科学理论、技术体系和科学合理的保护策略和管理方法，整合国内外领先的湿地恢复技术和理论体系，建立起面向我国的湿地恢复技术体系，特别关注湿地微地形改造、湿地生境恢复、湿地生物链重建和强化以及湿地生态系统结构与功能的恢复，确定每个重点领域技术细分体系建设，借助建立的湿地恢复理论框架和技术体系，推进我国重要湿地恢复工程，为国家湿地恢复、保护、利用和管理以及社会、经济和生态环境建设提供重要科技支撑（如图 14-1）。

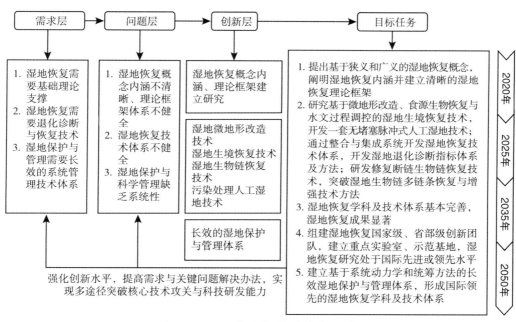

图 14-1 湿地恢复学科技术路线

参考文献

［1］ Arden S, Ma X. Constructed wetlands for greywater recycle and reuse: a review［J］. Science of The Total Environment, 2018, 630: 587-599.

［2］ Bernal B, Mitsch WJ. Comparing carbon sequestration in temperate freshwater wetland communities［J］. Global Change Biology, 2012, 18: 1636-1647.

［3］ Cohen MJ, Creed IF, Alexander L, et al. Do geographically isolated wetlands influence landscape functions?［J］. Proceedings of the National Academy of Sciences, 2016, 113（8）: 1978-1986.

［4］ Fergus CE, Lapierre JF, Oliver SK, et al. The freshwater landscape: lake, wetland, and stream abundance and connectivity at macroscales ［J］. Ecosphere, 2017, 8（8）: e01911.

［5］ Finlayson CM, Davidson N, Pritchard D, et al. The Ramsar Convention and ecosystem-based approaches to the wise use and sustainable development of wetlands ［J］. Journal of International Wildlife Law & Policy, 2011, 14: 176-198.

［6］ Junk WJ, An SQ, Finlayson CM, et al. Current state of knowledge regarding the world's wetlands and their future under global climate change: a synthesis ［J］. Aquatic sciences, 2013, 75: 151-167.

［7］ Keddy PA. Wetland ecology: principles and conservation ［M］. Cambridge: Cambridge University Press, 2010.

［8］ Liu D, Ge Y, Chang J, et al. Constructed wetlands in China: recent developments and future challenges ［J］. Frontiers in Ecology and the Environment, 2009, 7（5）: 261-268.

［9］ Marois DE, Mitsch WJ. Coastal protection from tsunamis and cyclones provided by mangrove wetlands-a review. International Journal for Biodiversity Science ［J］. Ecosystems Services and Management, 2015, 11: 71-83.

［10］ Mitsch WJ. Restoring the greater Florida Everglades, once and for all ［J］. Ecological Engineering, 2016, 93: A1-A3.

［11］ Moreno-Mateos D, Barbier EB, Jones PC, et al. Anthropogenic ecosystem disturbance and the recovery debt. Nature Communications, 2017, 8: 14163.

［12］ Moreno-Mateos D, Power ME, Comín FA, et al. Structural and functional loss in restored wetland ecosystems ［J］. PLoS biology, 2012, 10（1）: e1001247.

［13］ Palta MM, Grimm NB, Groffman PM. "Accidental" urban wetlands: ecosystem functions in unexpected places ［J］. Frontiers in Ecology and the Environment, 2017, 15（5）: 248-256.

［14］ Schuerch M, Spencer T, Temmerman S, et al. Future response of global coastal wetlands to sea-level rise ［J］. Nature, 2018, 561（7722）: 231.

［15］ Simenstad C, Reed D, Ford M. When is restoration not?: Incorporating landscape-scale processes to restore self-sustaining ecosystems in coastal wetland restoration ［J］. Ecological Engineering, 2006, 26: 27-39.

［16］ Tiner RW. Wetland indicators: A guide to wetland formation, identification, delineation, classification, and mapping ［M］. CRC press, 2016.

［17］ Vymazal J. Removal of nutrients in various types of constructed wetlands ［J］. Science of the Total Environment, 2007, 380: 48-65.

［18］ Wu H, Zhang J, Ngo HH, et al. A review on the sustainability of constructed wetlands for wastewater treatment: design and operation ［J］. Bioresource technology, 2015, 175: 594-601.

［19］ Xu L, Zhao Y, Doherty L, et al. The integrated processes for wastewater treatment based on the principle of microbial fuel cells: a review ［J］. Critical Reviews in Environmental Science and Technology, 2016, 46（1）: 60-91.

［20］Zedler JB. Progress in wetland restoration ecology［J］. Trends in ecology & evolution，2000，15（10）：402-407.

［21］陈宜瑜，吕宪国. 湿地功能与湿地科学的研究方向［J］. 湿地科学，2003，1：7-11.

［22］崔保山，刘兴土. 湿地生态系统设计的一些基本问题探讨［J］. 应用生态学报，200，1：145-150.

［23］崔丽娟，张曼胤，张岩，等. 湿地恢复研究现状及前瞻［J］. 世界林业研究，2011，24（2）：5-9.

［24］崔丽娟，张骁栋，张曼胤. 以总量管控激发湿地全面保护新动能——中国湿地保护与管理的任务与展望——对《湿地保护修复制度方案》的解读［J］. 环境保护，2017，4：17-21.

［25］崔丽娟，艾思龙. 湿地恢复手册——原则. 技术与案例分析［M］. 北京：中国建筑工业出版社，2006.

［26］夏汉平. 人工湿地处理污水的机理与效率［J］. 生态学杂志，2002，4：52-59.

［27］杨永兴. 国际湿地科学研究的主要特点，进展与展望［J］. 地理科学进展，2002，21（2）：111-120.

撰稿人

崔丽娟　李　伟　赵欣胜　张曼胤　雷茵茹　李　晶　翟夏杰　潘　旭　胡宇坤

第十五章　草原科学

一、引言

　　草原在地理学、生态学、植被科学与农业科学中被广泛使用的科学名词，草原科学这一学科尚未有统一明确的定义，不同学科对草原科学的内涵及研究定位存在不同理解。迄今已有多个定义。综合不同的定义，草原一般是指分布于半湿润、半干旱到干旱地区，主要由耐旱的多年生草本植物组成的天然群落，且不受地表水与地下水影响而形成的地带性天然植物群落。

　　草原长期处于超载过牧等不合理利用状态，加之全球气候变化，草原退化等生态问题突出。随着牧区栽培草地开始辅助草原家畜放牧，我国草原功能认知从服务于畜牧业生产开始向多功能转变，草原生态功能维持及退化草原生态系统恢复与重构将是未来草原科学研究的重点。

　　本专题涉及的草原学科主要定位于以天然草原为对象，研究天然草原保护、退化草原修复治理、生态灾害防控、草原生态系统稳定性及服务功能维持、草原资源挖掘与可持续利用等领域基础理论和关键技术，对天然草原进行保护、恢复和可持续利用，提升草原生态屏障和服务功能，实现区域生产、生活和生态全面协调发展。

二、国内外发展现状的分析评估

（一）国内外现状

　　由于不合理的放牧利用、盲目开垦、滥行樵采及气候变化等因素，我国已有90%的草原出现了不同程度的退化，表现为草原"三化"加剧、草原面积减少、草地生产力下降、生物多样性丧失、生物灾害泛滥等。草原生态系统的退化和功能失调问题非常突出，对我国生态环境安全构成重大威胁。目前国内研究主要集中在草原资源挖掘利用、生物多样性与生态系统功能关系以及退化草原生态修复治理、草原灾害预警与防控等。

在草原植物种质资源挖掘与可持续利用方面，以抗逆性和生态适应性为目标的种质资源挖掘和创新利用是面向草原生态系统恢复与退化草原修复治理基础。我国已收集近6万余份草种质资源，但主要以牧草为主，且利用率不足3%，远低于发达国家。全面系统挖掘草种质资源，定向创制优异退化草原修复草种已全面开展。

在生态系统生物多样性与生态系统功能维持领域，主要依托长期生态学研究站开展的草地生产力、生物多样性与生态系统长期实验。目前得到人们高度认可的观点主要有以下三个方面：①草原物种在资源利用方面，互补性可增加草原生产力和养分保持能力，但在复杂群落中确认哪些或者多少物种具有互补性的相关研究刚刚开始。②草原生态系统对外来物种入侵的敏感性受物种组成影响，一般随物种丰富度增加而降低。③对不同环境扰动具有不同响应的物种，通过对干扰和环境变化响应稳定生态系统过程的速率。国内有关生物多样性与生态系统功能关系研究开展不到20年，主要集中在生物多样性以及生态系统功能关系的调查研究，相关研究刚刚起步，与发达国家相比仍存在很大差距。

草地退化、沙化与沙化土地的急剧扩张已经成为世界性问题。我国草地存在着不同程度的退化，沙化草地生态恢复是我国亟待解决的生态环境问题之一。通过生态学工程技术和方法，阻断或改变草地系统退化主导因子的影响，使草地生态系统内部和外部的物质、能量流动和时空秩序得以优化，是退化、沙化草地生态系统功能恢复与重建的根本。近几十年以来，我国的沙化研究治理工作取得了一些成绩，但是沙化草地面上破坏、局部好转、总体恶化的局面仍未得到有效的改观。其主要原因是对草地退化、沙化的成因、特点及其发展趋势了解不够，目前对草原退化成因尚未有统一的理论和观点。综合分析土壤退化和植被退化的反馈关系、群落演替与气候变化的关系，以及区域生态恶化生态工程阻断等将是草原退化修复的重点研究领域。

草原灾害防控方面，随着生物技术和信息技术的快速发展，草原害虫防治理论与技术进一步发展。不断培育出抗虫转基因植物、转基因昆虫、杀虫相关基因重组微生物，草原天敌分子检测与诊断技术更加快速高效，并形成了分子昆虫新学科。在灾害预警方面，地理信息系统、全球定位系统等信息技术、计算机网络技术和大数据分析技术的广泛应用，大大提高了草原害虫种群监测和预警能力。发达国家利用3S技术实时监控草原病虫鼠害等生物灾害，并作为信息资源通过网络等途径实时传递给用户，为精准治理和控制提供一手资料。我国在草原灾害发生与成灾机制、监测预警技术、控制技术、绿色防控及生态治理技术等方面进行了较为系统的研究。特别是近年来随着遥感技术不断完善，草原灾害监测精度显著提升，但基础仍较为薄弱，尽管在技术层面已与国际同步，因在大尺度长期预测的基础数据积累不够，影响了灾害预警与防控效率。草原自然灾害中，草原火灾因其破坏力强，致火因素及火行为复杂等，国内外研究较为深入。目前对草原可燃物特征研究主要集中在可燃物承载量及其含水率，在可燃物含水率估测方面，涉及的方法主要包括遥感估测、结合气象要素回归的过程模型等。

（二）研究前沿、热点

1. 草遗传育种研究

有性杂交仍是种质创新和新品种创制最有效的方法。主要包括选择育种、杂交育种、诱变育种、杂种优势利用、多倍体育种等。分子育种技术已越来越多应用于草种质创新研究，包括草的重要性状形态的分子基础与调控技术、目标性状精准检测与分子辅助早期选择技术、重要性状基因编辑与基因组编辑技术等。

2. 草原种质资源研究

主要包括草原资源遥感监测技术，草原种质资源平台及信息共享利用技术，种质资源编目、评价指标体系与信息库构建技术，草核心种质库构建及骨干亲本分子指纹库建设技术，重要农艺性状挖掘与系统评价鉴定技术，优异基因资源挖掘技术等。

3. 草原灾害预测与防控

主要包括草原虫害调查与预测预报技术，重要病虫害有益菌防治技术，抗病虫害转基因育种技术，草原毒草精准识别与实时监测预警技术，草原毒草信息系统，草原火灾风险评价与发生预警防控技术等。

4. 草原生态保护与重建

从生态系统的角度评估生态系统退化、恢复过程中的非生物与生物障碍；恢复中关键过程时空动态；生态恢复中不可逆转的阈值；物种间相互作用及其在区域间的转移；生物群落（真菌、假瘤菌、土壤原生动物等）在恢复中的作用；以生态系统尺度为基础上强调景观尺度及交错带的生态恢复。涉及的技术主要包括围栏封育草原水肥管理技术，退化草原补播改良技术，退化草原植被恢复生态工程技术，退化土壤保育技术，草原生态系统健康评价技术，草原生态系统服务价值评价技术等。

5. 草原资源监测与管理

主要包括基于卫星遥感、无人机遥感和地面传感以及人工智能等技术的草地植被类型及其变化识别、植物群落特征综合测量、草地产草量估测等生态系统监测，不同类型草地评价和生态安全阈值指标体系，退化草地遥感判别和评价技术体系，草地资源遥感立体监测生态安全预警技术体系。

三、国际未来发展方向的预测与展望

（一）未来发展方向

1. 草原生态系统结构、功能维持及其调控机理

退化草原生态修复的本质是草原生态系统结构与功能相关关键因子以及各个亚系统之间的生态关系、草原生态构成组分时空分布与各组分间资源转化与传递关系不断优化的过程。阐明草原生态系统功能维持及其调控机理是提升草原生态与服务价值的关键所在。

2. 草原与草地构成要素生产潜力挖掘及其调控途径

提升草地生态与生产潜力的关键是着眼于草地生产功能、防护功能和环境功能等构成要素，阐明产量、品质、抗逆性与坪用性等不同功能性状形成生物过程、调控因子与系统调控的遗传和栽培生物学基础，为充分发挥草地生产潜力和建立优化生产体系提供科学依据。

3. 草原种质资源挖掘与创新利用

针对退化草原修复可用资源少，草种质资源收集数据不足、种质重要性状挖掘及其形成的机理不清、种质创新利用低等急需解决的理论与技术问题，在对退化草原植物资源全面清查的基础上，挖掘具有极强抗逆性和生态适应性的优异野生种质资源，解析其抗逆性及抗逆形成机理，挖掘优异抗逆基因，创制适应不同退化类型草原生长及生态环境的新种质，丰富草原修复植被材料。

4. 草原灾害与防控

建立草原灾害发生与环境因子相关的致灾预警模型，阐明灾害发生率、严重程度与草原系统组分协同变化的机理，利用大数据、人工智能等现代信息技术确定适宜的防控时期，综合多种防控方法，构建有害生物综合防控技术体系，建立绿色防控示范基地。

（二）重点技术

1. 退化草原生态修复与重建技术

突破长期以来以生产为主要目标的草原治理技术约束，建立基于草地大数据的草地退化等级识别、草地生态恢复水平评估体系以及草地生态功能与生产功能合理利用配置，是形成适宜我国草原资源多元开发与生态功能提升融合的关键技术。

2. 草种质资源创新、精准栽培管理与草产品加工技术

草种质创新与栽培管理是实现草优质资源高效利用技术的关键，草种及饲草产品精深加工技术是融合草种业与草产业下游产业链，提高草产业科技水平重要环节，为我国草牧业与生态环境和谐发展、牧民稳定增收提供技术支撑。

3. 草原灾害与防控技术

综合利用卫星遥感、无人机和地面调查手段，对草原生物灾害和非生物灾害进行发生、发展、演变的"天 – 空 – 地"全方位动态监测，揭示草原病鼠虫害与环境因子的关系并建立预警机制；研发草原病害、虫害、鼠害与毒杂草监测指标和生物药剂，遴选适用草地病害、虫害、鼠害与毒杂草的预警指标及体系；建立草原旱灾、雪灾、火灾监测指标体系及灾前预警平台和灾后救灾技术体系；构建草原灾害综合生态防控技术体系。

四、国内发展的分析与规划路线图

（一）需求

草原退化已成世界性问题，我国近 4 亿公顷草原中已有 90% 的可利用草原发生了不同程度的退化，重度退化草地面积已达 135 万平方千米，且每年以 200 万公顷的速度递增，严重威胁着国民的生存和国家的生态安全。草原退化主要表现为草产量、品质和植被覆盖度明显下降、物种多样性下降、草原建群种和优势种减少或消失，导致草原生态多功能性和稳定性丧失。退化草原生态修复治理已成为国家重大生态治理内容之一。近年来，国家对草原生态治理的力度不断加大，在中国西部地区陆续实施了退耕还林还草、风沙源治理、退牧还草等国家工程等，国内外学者围绕退化生态系统恢复和草原可持续性管理也开展了一系列研究，并制定了草原退化修复相关标准和管理措施，但是治理效果不尽如人意，整体恶化的局势没有得到根本控制，探寻退化草原生态治理新方法的任务依然艰巨。

随着牧区栽培草地开始辅助草原家畜放牧，农区作物 / 牧草—家畜生产系统逐渐取代传统种植系统，我国草原功能认知从服务于畜牧业生产开始向多功能转变，在挖掘草原资源潜力、提升草原利用水平、改善草原生态系统等方面取得了丰硕成果。然而我国草业和草原依然存在草原退化和修复、频繁生态灾害威胁草原功能、草原资源可持续利用等诸多问题。人类增长和环境压力使上述问题更加严峻。

草原退化加剧，草原生态严重恶化。20 世纪 70 年代中期全国草原退化面积占 15%。截至 80 年代初，我国北方和西部牧区退化草原（包括沙化和盐碱化）已达 7000 多万公顷，占草原总面积的 30% 以上，90 年代中期达到草原总面积的 50% 以上，截至目前，我国草原 90% 以上出现不同程度的退化，其中严重退化草原达 1.8 亿公顷以上，并以每年 200 万公顷速度扩张，天然草原面积每年减少 70 万公顷以上。尽管近年来国家对草原生态问题非常重视，先后投入近 2000 亿用于草原生态建设，但"局部治理，整体恶化"的局面没有得到根本遏制。

草原灾害频发，危害严重。我国草原火灾、鼠虫灾害等十分严重。我国 4 亿公顷草原中，1.3 亿公顷草原易发生灾害，其中近 7000 万公顷草原频繁发生火灾，近十年来，我国平均每年发生草原火灾数百起，其中重大火灾 30 起以上，发生面积超过 2000 万公顷，每年因灾造成的直接经济损失达数十亿元。鼠害年发生面积 30 万公顷以上，每年因此造成的直接经济损失 3 亿元，间接损失达 30 亿元以上。近 30 年以来，草原虫害等生物灾害已发展成为严重的灾害，危害面积达 1500 万公顷以上，最高达 4000 万公顷（2004 年）。鼠虫害综合生物防控技术，草原大数据监测及预警综合防控技术体系亟待突破与完善。

草原退化和生物多样性不断减少。由于草原长期不合理开发利用，导致草原上众多动植物资源破坏严重。尤其近 20 年以来，随着人为干扰程度增强，生物资源破坏速度加剧，导致大批生物资源消失。珍稀濒危保护植物资源由 20 世纪 80 年代的 389 种，增加到 700 多种，其中绝大部分都分布在草原地带。

草原水资源日益减少，植被退缩加剧。受气候变化的影响，草原地区降水显著减少，内陆河上游水源截留严重，导致下游绿洲及其周围草原植被枯死、消失。新疆塔里木河、玛纳斯河、甘肃石羊河等下游草原区水位大幅下降，导致民勤盆地绿洲、额济纳绿洲及外围草原、塔里木河下游绿色长廊等消失，并由此引发大面积草原沙化和盐碱化。

面对天然草原保护与可持续利用、草原生态系统管理、生态灾害防控、生态功能提升等诸多重大科技需求，加快草原生态建设基础研究、核心关键技术研发、推动成果集成与转化、推进草原产业发展、培养和聚集高层次科技人才，对快速推进我国草原与草业学科发展，提高草原与草业科技核心竞争力具有重要的战略意义。

草原生态系统十分脆弱，草原出现退化、沙化，利于鼠、虫、毒害草及病害的滋生蔓延，形成生物灾害，灾害的发生又加剧了草原生态环境恶化，形成恶性循环。加强草原灾害可持续控制，是加快草原生态保护的重要举措，事关生态文明建设、民族团结、边疆稳定和牧区经济社会持续健康发展。

（二）中短期（2018—2035 年）

1. 目标

围绕国际研究前沿和我国草原科技重大需求，以我国天然草原和草地为研究对象，以解决草原生态环境问题、提高草原生产力等重大科学技术问题为主攻方向，以促进我国草业与草原科学进步和可持续发展为目标，重点探索解决草原保护、草原生态系统管理、退化草原恢复、草原监测与评价、草原资源发掘与可持续利用等核心科学问题，发展天然草原生态功能维持与可持续利用理论与技术，构建退化草原生态修复、草原可持续利用模式，为我国草原生态安全保障提供理论与技术支撑。

2. 主要任务

围绕我国草原生态文明建设与草原保护与可持续利用相关需求，重点围绕退化草原恢复、草原生态系统管理、草原生物多样性保护、草原监测与评价、草原灾害预警与防控、草原资源发掘与可持续利用等领域开展科学问题和技术难点攻关。

（1）退化草原修复治理

针对不同退化草原类型，系统分析草原退化的原因及驱动力，揭示不同干扰作用下草原结构与功能退化机制，厘清草原退化与恢复过程中草原生态系统生产力与生物多样性变化规律，阐明草原植物群落稳定性维持机理，构建草原退化与恢复的理论体系。

（2）草原生态系统管理

针对不同草原类型，解析草原生态系统结构、功能和服务的调控关键因子，揭示草原生态系统功能维持机制；厘清草原生态系统服务的形成过程与机理，建立草原生态系统服务评估与价值核算的技术与方法论体系；阐明草原退化与恢复对生态系统服务的作用机制。

（3）草原生物多样性保护

从物种多样性、生态系统多样性和基因多样性三个层次研究气候变化、栖息地破坏、外来物种入侵、基因污染、过度开发等因素对生物多样性构成、生态系统结构和功能的影响，探索生物多样性演替与衰落驱动机制，建立科学的就地和迁地生物多样性保护模式，维护生物多样性自然演替过程与生态系统的弹性和稳定性，实现生物多样性资源可持续地利用。

（4）草原灾害与防控

综合利用卫星遥感、无人机和地面调查手段，对草原生物灾害和非生物灾害进行发生、发展、演变的"天-空-地"全方位动态监测，揭示草原病鼠虫害与环境因子的关系并建立预警机制。

（5）草原资源挖掘与可持续利用

利用草原巨大的资源基因库优势，对草原植物资源定期调查、收集、评价，结合国家草种质资源库保存的大量种质材料，开展应用导向的创新利用研究与开发，为退化草原生态治理及生态功能恢复提供丰富的适生资源。

3. 实现路径

（1）面临的关键问题与难点

草类优异种质资源收集评价利用不足。目前，国家种质资源库只收集保存我国草类种质资源的30%，种质资源重要性状的精准鉴定尚处于起步阶段，育成的草类品种仅533个，远不能满足草原生态建设与城市草坪绿化的需求。草类种质资源收集、精准评价及新品选育亟待进一步提升。

草原退化严重。目前，我国草原退化趋势得到初步遏制，但退化草原面积仍占90%以上。气候变化、人类活动等因素导致的草原退化机理和调控机制尚不清晰，封育、补播、放牧等综合治理技术和可持续保护利用技术研发不足，亟须开展草原生态保护、植被恢复的应用基础与技术创新研究。

草原鼠虫灾害严重。鼠虫害引起的草原生态系统退化是危及我国生态安全的重大隐患，受影响的退化草地占退化草地总面积的1/3以上，鼠害防控的生物源制剂、鼠虫害综合生物防控技术，大数据监测、预警综合防控技术亟待突破。

草原生态资产监测评估缺乏。草原生态系统比较脆弱，草原生物多样性、生态演替规律缺乏系统研究，对不同草原类型在气候调节、水土保持、涵养水源、生物多样性等生态系统服务价值评估不够全面准确，缺乏统一的科学评估方法，亟须建立更完善稳定的草原长期生态定位研究体系，深入开展草原生态系统时空演替规律研究。

退化草原修复与重建相关理论与技术支撑不足。对草原退化形成及其驱动机制研究有待深入，已实施的大规模草原退化修复任务在草原生态系统稳定性及草原生态系统服务功能提升等方面仍不理想。已完成的修复任务总体退化趋势不变。

（2）解决的策略

草原生态系统结构、功能维持及其调控机理。退化草原生态修复的本质是草原生态系统结构与功能相关关键因子以及各个亚系统之间的生态关系、草原生态构成组分时空分布与各组分间资源转化与传递关系不断优化的过程。阐明草原生态系统功能维持及其调控机理是提升草原生态与服务价值的关键所在。

草原构成要素生产潜力挖掘及其调控途径。提升草原生产潜力的关键是着眼于草原生产功能、防护功能和环境功能等构成要素，阐明灌草等重要植物资源等不同功能性状形成生物过程、调控因子与系统调控的遗传和栽培生物学基础，为充分发挥草原生产潜力和可持续利用模式提供科学依据。

优化退化草原植被修复与重建技术。草地退化是气候变化、草资源多样性改变、土壤地力下降等多种因素综合作用的结果。建立基于草地大数据的草地退化等级识别、草地生态恢复水平评估体系以及草地生态功能与生产功能合理利用配置，是突破单一草原封育约束，形成适宜我国草地资源多元开发与生态功能提升融合的关键技术。

提升草种质资源创新与高效可持续利用技术水平。草种质创新与栽培管理是实现草优质高产与资源高效利用技术的关键，草种及饲草产品精深加工技术是融合草种业与草产业下游产业链，提升草产业科技水平的重要环节，为我国草牧业与生态环境和谐发展、牧民稳定增收提供技术支撑。

草原灾害与防控技术。利用"天－空－地"遥感、无人机和地面综合调查手段，采用大尺度、长时间的动态监测方法，建立草原灾害的预警体系，集成生物灾害大数据应用技术、灾害靶向防控解决方案、灾害可持续防控技术体系、生态防控阈值与绿色防控技术并进行大规模应用示范，为草原绿色防控奠定基础。

持续提升草原生态功能，力争到 2025 年，全国草原退化趋势总体得到遏制，草原综合植被覆盖度提高到 60% 以上，草原生态持续改善，草原质量稳步提升。

（三）中长期（2036－2050 年）

1. 发展目标

围绕国家生态安全战略需求和美丽中国战略规划，以草原生态系统为对象，以生态系统联网观测、模拟实验和虚拟数值模拟为主要手段，定量评估和科学预测草原生态与环境变化，基于生态大数据与社会学规律，探索气候变化与草原生态系统、草原生态系统与人类活动、自然系统与经济系统等相互作用，创新高品质草原生态产品将成为草原科学研究追求的科技目标。

2. 主要任务

在草原资源与现代育种科技领域，将主要以系统生物学的研究手段为主，采用重大产品需求导向的研发战略，充分发掘和利用我国草原丰富的基因资源优势，基于基因组信息的关键生物技术，结合经典资源创新利用技术，构建我国功能植物的产品研发创新理论与技术体系，实现草原生产力的持续提升和资源的持续利用，为我国草原高质量发展提供科技支撑。

全球气候变化及其生态学过程领域，基于草原气候资源，解析植被－土壤－微生物互作机制及其对全球气候变化的响应与适应性演化机制，结合生态系统联网观测，从大尺度、全方位、多层次视角定量评估和科学预测草原生态系统演变规律及响应因素，为草原生态系统多功能维持及服务价值提升提供理论与技术支撑。

退化生态系统修复与生物多样性保育领域，以生态系统服务功能提升为目标，利用海量空－天－地－植被等数据，精准诊断草原生态系统健康状况、评估并预测草原生产力及生态功能区划，优化配置草原生态资源，高质量推进退化草原生态修复与重建。

草原生态资源与灾害精准监测与预测领域。通过数据整合与系统模型，构建生态与环境监测平台及系统理论，形成草原全区域生态资源实时管理体系，实现草原有害生物研究、监测预警、防控体系的现代化、信息化和智能化，全面实现草原有害生物的可持续治理，为区域可持续发展提供科技服务。

至 2050 年，退化草原得到治理，草原综合植被盖度稳定在 60% 以上，草原生态与生产功能显著提升。实现环境优美、生态健康的目标，总体达到发达国家中等水平。

3. 关键问题与难点

生态系统服务功能直接关系到人类的福祉，与自然系统、社会系统和经济系统密切相关，是国际生态学研究的前沿和热点，生态系统服务功能的尺度特征与多尺度、全方面及多层次关联将是草原生态系统服务功能研究的重点和难点。

挖掘草原基因资源，利用系统生物学、生物信息学、组学及其技术、基因工程等生命科学和生物技术多学科的交叉融合研究手段，定向创制应用草原生态系统恢复与重建的优异新种质，建立服务于草原生态修复与服务功能提升的功能植物产品研发创新体系，为我国草业与草原的可持续发展提供科技支撑。

退化草原生态系统修复方面，围绕气候变化、人为干扰、土壤生产力基础、植被演变、生物多样性等因素及各因素间关联，解析草原退化驱动机制及生态学过程将是遏制草原退化的基础。以生态系统服务功能提升为目标，利用海量空 – 天 – 地 – 植被等数据，结合气候数据，精准诊断草原生态系统健康状况及生物资源生态功能区划，优化配置草原生态资源，将是高质量推进退化草原生态修复与重建的重点和难点。

4. 发展策略

围绕我国生态文明建设、国家生态安全维持的总体需求，以退化草原生态修复与生态系统重建为核心任务，形成草原生态资源演变生态学过程、生态系统稳定性及维持、生物多样性保育、植被 – 土壤 – 微生物 – 人 – 社会等多层次因素耦合协同响应气候变化机制等草原科学创新链和草原基因资源挖掘、种质资源创新利用、草重大产品的生产与加工利用等草原科学创新产业链两链驱动的草原高质量发展模式。密切各研发机构间的学术协作，多学科深度融合，构建草原与草业学科发展共同体，合力推进学科健康快速发展，为国家生态文明与行业发展需求提供理论与技术支撑。

充分利用我国草原丰富的基因资源优势，借鉴模式植物和作物相关研究基础，获得多目标性的重组系和近等基因系，基于系统生物学、组学、分子生物学、生态生理学等理论，引入不断发展的基因组编辑技术、基因表调控技术、分子标记技术、生物组学技术、生产力评估与预测等技术，提升草原种质资源创新利用水平。

充分利用空 – 天海量大数据，整合气候信息、地理信息、植被与群落结构信息、土壤及微生物信息，构建草原生态资源、草原生物及非生物灾害以及草原生产力及承载力等精准监测、预警与管理平台和联动应对机制，显著提升草原生态系统服务功能。

（四）路线图

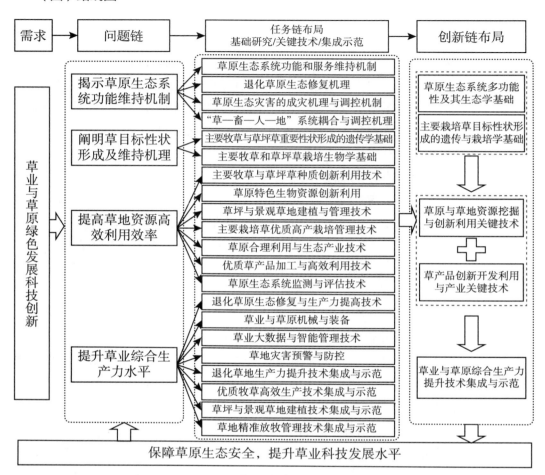

图 15-1 草原科学发展技术路线

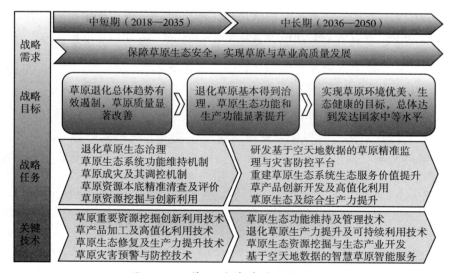

图 15-2 草原科学学科发展进程

参考文献

［1］Bernard-Verdier M, Navas M, Vellend M, et al. Community assembly along a soil depth gradient: contrasting patterns of plant trait convergence and divergence in a Mediterranean rangeland［J］. Journal of Ecology, 2012, 100: 1422-1433.

［2］Bodner G, Nakhforoosh A, Kaul H.P. Management of crop water under drought: a review［J］. Agronomy for Sustainable Development, 2015, 35: 401-442.

［3］Eric Cosyns, Sofie Claerbout, Indra Lamoot, et al. Endozoochorous seed dispersal by cattle and horse in a spatially heterogeneous Landscape［J］. Plant Ecology, 2005, 178: 149-162.

［4］Kandel YR, Hunt CL, Kyveryga P, et al. Differences in small plot and on-farm trials for yield response to foliar fungicide on soybean［J］. Plant Disease, 2018, 102（1）: 140-145.

［5］"中国草地生态保障与食物安全战略研究"项目组. 中国草地生态保障与食物安全战略研究［M］. 北京：科学出版社, 2017.

［6］白永飞, 潘庆民, 邢旗. 草地生产与生态功能合理配置的理论基础与关键技术［J］. 科学通报, 2016,（2）: 201-212.

［7］方精云, 白永飞, 李凌浩, 等. 我国草原牧区可持续发展的科学基础与实践［J］. 中国科学, 2016, 61（2）: 155-164.

［8］侯向阳. 草原植物基础生物学研究进展与展望［J］. 中国基础科学, 2016,（2）: 67-76.

［9］刘加文. 大力开展草原生态修复［J］. 草业学报, 2018, 26（05）: 1052-1055.

［10］马娜, 刘越, 胡云锋, 等. 内蒙古浑善达克沙地南部草原盖度探测及其变化分析［J］. 遥感技术与应用, 2012, 27（01）: 128-134.

［11］南志标, 李春杰. 中国牧草真菌病害名录［J］. 草业科学, 1994（增刊）: 1-160.

［12］全国畜牧总站. 中国草业统计（2016）［M］. 北京：中国农业出版社, 2017.

［13］全国畜牧总站. 中国草原生物灾害［M］. 北京：中国农业出版社, 2018.

［14］任继周, 胥刚, 李向林, 等. 中国草业科学的发展轨迹与展望［J］. 科学通报, 2016,（2）: 178-192.

［15］张新时, 唐海萍, 董孝斌, 等. 中国草原的困境及其转型［J］. 科学通报, 2016, 61: 165-177.

［16］周俗. 四川草原有害生物与防治［M］. 成都：四川科学技术出版社, 2017.

撰 稿 人

孙振元　王　涛　韩烈保　侯扶江　周　俗　刘　刚　范希峰　钱永强